David Seifert
Josef W. Seifert
Bettina Kerschbaumer

30 Minuten

Online-Moderation

Bibliografische Information der Deutschen Nationalbibliothek
Die Deutsche Nationalbibliothek verzeichnet diese Publikation in der Deutschen Nationalbibliografie; detaillierte bibliografische Daten sind im Internet über http://dnb.d-nb.de abrufbar.

ISBN 978-3-96739-059-9

Umschlaggestaltung: die imprimatur, Hainburg
Umschlagkonzept: Martin Zech Design, Bremen
Lektorat: Friederike Mannsperger, Offenbach
Satz: Zerosoft, Timisoara (Rumänien)
Druck und Verarbeitung: Salzland Druck, Staßfurt

3., überarbeitete Neuauflage 2021

Wir drucken in Deutschland.

www.gabal-verlag.de
www.twitter.com/gabalbuecher
www.facebook.com/Gabalbuecher
www.instagram.com/gabalbuecher

In 30 Minuten wissen Sie mehr!

Dieses Buch ist so konzipiert, dass Sie in kurzer Zeit prägnante und fundierte Informationen aufnehmen können. Mithilfe eines Leitsystems werden Sie durch das Buch geführt. Es erlaubt Ihnen, innerhalb Ihres persönlichen Zeitkontingents (von 10 bis 30 Minuten) das Wesentliche zu erfassen.

Kurze Lesezeit

In 30 Minuten können Sie das ganze Buch lesen. Wenn Sie weniger Zeit haben, lesen Sie gezielt nur die Stellen, die für Sie wichtige Informationen beinhalten.

- Alle wichtigen Informationen sind blau gedruckt.

- Schlüsselfragen mit Seitenverweisen zu Beginn eines jeden Kapitels erlauben eine schnelle Orientierung: Sie blättern direkt auf die Seite, die Ihre Wissenslücke schließt.

- *Zahlreiche Zusammenfassungen innerhalb der Kapitel erlauben das schnelle Querlesen.*

- Ein Fast Reader am Ende des Buches fasst alle wichtigen Aspekte zusammen.

- Ein Register erleichtert das Nachschlagen.

Inhalt

Vorwort

„Gespräche sind der Klebstoff, der Teams zusammenhält" – Menschen, die in der heutigen Geschäftswelt bestehen müssen, wissen das und sie wissen, wie gut dieser Klebstoff halten muss und wie wichtig es ist, innerhalb des Teams schnell und zielgerichtet zu kommunizieren.

Die BusinessModeration – ein von Josef W. Seifert in den 1980er Jahren geprägter Begriff – hat längst in vielen Unternehmen Einzug gehalten. Sie erlaubt die strukturierte und effiziente Durchführung von Gesprächen und Arbeitsprozessen, in denen Projekte vorangetrieben, Probleme gelöst oder Entscheidungen vorbereitet und gefällt werden müssen.

Eine Moderation ist dabei immer dann erforderlich, wenn es darum geht, konkrete Inhalte zu erarbeiten. Bei zielorientierten Gesprächen, wie etwa Projektmeetings, Teambesprechungen oder Workshops ist eine moderierende Person als Prozessgestalter*in sehr hilfreich, wenn nicht sogar notwendig. Ihre Aufgabe ist es, das Miteinander der Gruppe zu steuern, das heißt, der Gruppe zu helfen, arbeitsfähig zu werden und auch zu bleiben. Dies kann erreicht werden, indem man die richtigen Moderationstechniken an der richtigen Stelle einsetzt und dabei sowohl den sachlichen als auch den emotionalen Prozess der Gruppe gekonnt lenkt.

Spätestens seit der Corona-Krise haben sich die technischen Möglichkeiten immer weiter verbessert und Unternehmen haben das Online-Conferencing für sich entdeckt. Die Vorteile liegen auf der Hand: Meetings können schnell einberufen werden, ohne dass erst eine Anreise oder die langwierige Organisation der Meeting-Infrastruktur in Kauf genommen werden muss. Das Anmieten eines Konferenzraums entfällt – Beamer und Flipchart braucht es auch nicht mehr und auf die Verfügbarkeit von Flügen oder Hotelzimmern muss niemand mehr Rücksicht nehmen.

Aber: Die Kommunikation in virtuellen Umgebungen folgt eigenen Gesetzen! Wer schon einmal an einem virtuellen Treffen teilgenommen hat, weiß, dass sich Online-Meetings ganz anders anfühlen als persönliche Gespräche. Die Moderatorin, der Moderator ist hier besonders gefordert.

Dieses Buch zeigt Ihnen in kurzer, prägnanter Form, wie Sie sich auf diese Situation vorbereiten und den Ablauf einer Online-Moderation gestalten. Sie erfahren auch, wie Sie dabei auf die Mitarbeit der Gruppe zählen können.

Wir wünschen Ihnen viel Freude bei der Lektüre und ebenso viel Erfolg für die Umsetzung der Inhalte in Ihre persönliche Online-Moderation.

Ihr	Ihr	Ihre
David Seifert	Josef Seifert	Bettina Kerschbaumer

P.S.: Wenn Sie Fragen zu diesem Thema haben, schreiben Sie uns oder rufen Sie uns gerne an. Unsere Kontaktdaten finden Sie auf www.moderatio.com.

30 MINUTEN

1. Online-Moderation: worauf es dabei ankommt

Immer mehr Menschen treffen einander im virtuellen Raum. Sie lernen dort, tauschen sich aus, betreuen ihre Kunden, diskutieren wichtige Themen oder besprechen ganz einfach den Fortschritt eines gemeinsamen Projekts. Online-Meetings bieten dafür den besten Rahmen: Sie ermöglichen eine straffe Kommunikation, rasche Entscheidungswege und das Sparen von Reisekosten, Zeit und Energie.

Aber: Die virtuelle Kommunikation hat ihre Tücken, der richtige Umgang mit diesem Medium will gelernt sein. Das Fehlen des direkten Blickkontakts, jeglicher Körpersprache und der Mimik/Gestik verunsichert uns. Machen Sie sich in diesem Kapitel mit den Besonderheiten der Online-Moderation vertraut.

1.1 Meetings im virtuellen Raum

Der Begriff Moderation kommt aus dem Lateinischen und steht für „die Mitte finden", „das rechte Maß", aber auch für „Lenkung". Beide Bedeutungen sind sowohl für Live- als auch für Online-Meetings zentral. Der Aspekt der Mitte meint, dass sich der Moderator inhaltlich neutral verhalten muss und inhaltliche Extreme zu vermeiden sucht. Der Aspekt der Lenkung meint, dass ein Online-Meeting professionell strukturiert sein sollte. Der Moderator leitet die Gruppe und steuert den sozialen Gruppenprozess. Die Aufgaben des Moderators erläutern wir noch ausführlicher (siehe Kap. 1.2); zunächst aber einige Gedanken zum Online-Konferenzraum und wie sich die Arbeit dort generell gestaltet.

Der Online-Konferenzraum

Ein Online-Meeting findet in der Regel „in" einem Online-Konferenzraum, also auf einer Online-Conferencing-Plattform statt. Zoom Video Communications mit „Zoom", Microsoft mit „Teams", Adobe mit „Acrobat Connect" und Cisco mit „WebEx" sind nur einige Beispiele für führende Anbieter von Software für Online-Konferenzen.. Für die Durchführung eines Online-Meetings ist es dank dieser Online-Conferencing-Plattformen nicht mehr notwendig, dass sich die Gesprächsgruppe in einem realen Raum befindet. Ganz im Gegenteil: Die Teilnehmer sind nicht selten über das ganze Land, ja sogar über den Erdball verteilt. Sie sitzen vor ihrem PC und sind über ein Headset oder ein Telefon akustisch und gegebenenfalls zusätzlich via Webcam (Videoübertragung) auch visuell miteinander verbunden. Über eine gemeinsame Internetadresse gelangen die Teilnehmer in einen gemeinsamen virtuellen Raum. Auf dieser Website können die Teilnehmer dieselben Dokumente sehen (zum Beispiel eine Präsentation) und sich mit speziellen Werkzeugen über diese Dokumente austauschen bzw. sie auch gemeinsam bearbeiten.

Online-Meetings veranstalten und besuchen

Ein Online-Meeting kommt zustande, indem der Veranstalter (auch Gastgeber genannt) auf der Plattform seiner Wahl ein Meeting anlegt. Dieser Vorgang erzeugt einen Hyperlink, der dann an die Teilnehmer weitergeschickt wird. Die Eingeladenen klicken diesen Link, melden sich an (gegebenenfalls mit einem Passwort) und sind ab diesem Moment auf verschiedenen Ebenen mit den anderen Teilnehmern verbunden:

- Akustisch über ein Headset oder das Telefon
- Über den gemeinsamen Bildschirm: Alle Teilnehmer sehen dieselben Bilder auf ihren PC-Bildschirmen
- Optional auch visuell über eine Videoübertragung der einzelnen Teilnehmer

Die „Big Six" für die Arbeit im Online-Meeting

Nun kann die Arbeit losgehen. Dafür bieten sich verschiedene Funktionen an. Der Markt der Web-Conferencing-Plattformen hat sich in den letzten Jahren rasant entwickelt, daher ist die Auswahl groß. Die Produkte der verschiedenen Anbieter unterscheiden sich dabei in Punkten wie dem "Look & Feel", der Arbeitsoberfläche, den möglichen "Nutzungsmodellen", also Lizenzkosten für die Nutzung beispielsweise monatlich oder jährlich kündbar, u. Ä. Auch im Funktionsumfang bzw. durch die Ausrichtung unterscheiden sich die Plattformen, konkret also, welche Werkzeuge eine Plattform bietet und für welche Gruppengrößen eine Conferencing-Plattform taugt. Einige Funktionen haben sich aber in den vergangenen Jahren zum Standard entwickelt – sie erfreuen sich großer Beliebtheit bei den Anwendern und sind daher auf den meisten Online-Conferencing-Plattformen zu finden:

- Online-Präsentation: Ein Teilnehmer der Arbeitsgruppe präsentiert ein beliebiges Dokument. Die anderen Teilnehmer sehen es auf ihren Bildschirmen.
- Chat: Kurze Nachrichten zwischen den Teilnehmern

geben hier die Möglichkeit zum raschen und unkomplizierten Austausch während des OnlineMeetings. Der Chat (oder auch das „Instant Messaging“) zählt zu den beliebtesten Feedback-Werkzeugen.

- Whiteboard: das Online-Äquivalent zum Flipchart. Zeichenwerkzeuge ermöglichen hier das Skizzieren eines gemeinsamen Bildes oder auch das Beschriften eines gemeinsam betrachteten Dokuments.
- Abstimmung (oder „Voting“): Kleinere oder größere Umfragen bringen ein rasches Stimmungsbild. Der Moderator überträgt eine Frage inklusive Antwortmöglichkeiten auf die Bildschirme der Teilnehmer. Die Teilnehmer klicken ihre Präferenz an und liefern so ein schnelles Abstimmungsergebnis.
- Application oder Desktop Sharing: Diese Funktion steht meist in zwei verschiedenen Stufen (Levels) zur Verfügung:
  - Präsentationsmodus: Bei dieser Funktion arbeitet ein Teilnehmer an einem Dokument, die anderen Teilnehmer sehen dabei zu. Im Gegensatz zur reinen Online-Präsentation wird hier das Dokument während des gemeinsamen Arbeitsprozesses vom Präsentator auch verändert und alle Teilnehmer können diese Veränderungen in Echtzeit verfolgen.
  - Document-Sharing: Die meiste Software wird heute in der Cloud betrieben. Entweder als Installation auf firmeninternen Rechnern oder als Service auf externen Servern, die häufig der Anbieter ei-

ner Anwendung stellt. An Dokumenten, die dort gespeichert sind, kann – häufig sogar gleichzeitig – zusammen gearbeitet werden. Dies kann in Online-Meetings dafür genutzt werden, Dokumente in der Teilnehmergruppe zeitgleich zu betrachten und auch zu verändern. Dabei gibt der Moderator den Teilnehmern Zugriff und Schreibrechte auf das jeweils geteilte Dokument. Diese können meist auch wieder entzogen werden. Das heißt, alle arbeiten de facto am selben Dokument, die Ergebnisse sind live sichtbar.

- Break-Out-Rooms: Immer mehr Anbieter integrieren die Funktion "Break-Out-Sessions". Dabei handelt es sich um verschiedene "Unterräume" bzw. "Gruppenräume" zum Hauptraum. In diesen voneinander getrennten "Kanälen" können Teilnehmer beispielsweise in Kleingruppen zusammenarbeiten. Die Räume sind in der Regel identisch zum Hauptraum, was die Funktionen für die Teilnehmer angeht. Die Teilnehmer sind dort wie in einem eigenen Meeting zusammengeschaltet. Sie hören einander, sehen sich ggf. via Video und haben in der Regel einen eigenen Chat zur Verfügung. Alle im Hauptraum oder in einem anderen virtuellen Raum sind, wie bei Zimmern in einem Haus, weder zu sehen noch zu hören. Die/der Moderator*in kann bei bedarf spontan Gruppenräume anlegen und nutzen. Bei manchen Anbietern müssen sie auch explizit vor Beginn eines Meetings geplant und angelegt werden. Die Räume können dann im laufenden Meeting von der / vom Moderator*in und den Teilnehmern in der Regel frei betreten und wieder verlassen werden.

Ausführlicher werden die einzelnen Werkzeuge noch einmal in Kapitel 3.1 beschrieben.

Gemietet versus gekauft

Wer sich heute für den Einsatz einer Online-Conferencing-Software entscheidet, wird sich zunächst die Funktionen genauer anschauen und seine Wahl nach einem Produkt ausrichten, das den eigenen Anforderungen am ehesten entspricht. Darüber hinaus gilt es noch zu entscheiden, ob ein gehosteter Service oder der Kauf einer Softwarelizenz bevorzugt wird. Manche Anbieter haben beide Varianten im Angebot, manche Anbieter nur eine von beiden. Kurz zur Unterscheidung:

- Im Falle eines gehosteten Service greifen alle Teilnehmer über das Internet auf den Server des Anbieters zu. Man nutzt damit die Infrastruktur des Anbieters und bezahlt eine Benutzungsgebühr, die sich oft an der Anzahl der Teilnehmer und/oder der Dauer des Meetings orientiert.
- Manche Anbieter bieten darüber hinaus die Möglichkeit, eine Lizenz der Software zu erwerben, sodass der Kunde diese Software auf dem eigenen Server installieren kann.

Für welche Variante man sich entscheidet, hat mit den Kriterien der Sicherheit und der Frequenz zu tun: Je öfter man Online-Meetings einsetzen möchte und je höher dabei die Sicherheitsanforderungen des Unternehmens sind, desto eher werden die Überlegungen in Richtung einer eigenen Softwarelizenz gehen.
Noch ein Wort zur Sicherheit: Bedenken Sie, dass Sie bei jedem Online-Meeting Ihre Daten über das Internet aus tauschen und dass bei gehosteten Services diese Daten auch über den Server des Anbieters wandern. Erkundigen Sie sich daher vor Ihrer Entscheidung über die Sicherheitsphilosophie der verschiedenen Anbieter und sprechen Sie Ihren bevorzugten Dienstleister auch darauf an.

30 *Bei einem Online-Meeting bzw. einer Web-Conference finden Gruppengespräche (Projektmeetings, Workshops, Teamtreffen) nicht im realen, sondern im virtuellen Konferenzraum statt. Die Teilnehmer sind dabei über das Internet miteinander verbunden. Für die Zusammenarbeit stehen verschiedene Werkzeuge zur Verfügung, die wichtigsten unter ihnen heißen Online-Präsentation, Chat, Whiteboard, Abstimmung und Document bzw. Desktop Sharing. Online-Conferencing-Dienstleistungen können als gehosteter Service oder als Lizenzmodell in Anspruch genommen werden.*

1.2 Die Aufgaben des Online-Moderators

Die Technik leistet beeindruckende Dinge: Über ein Headset können alle Teilnehmer einer Web-Konferenz miteinander sprechen, über die Webcam ist es sogar möglich, sich ein Bild von seinem „Gegenüber" zu machen, und über die Feedback-Werkzeuge (z. B. Chat, Abstimmungen) kann man sich laufend austauschen. Der Online-Moderator steuert dabei die Verwendung der jeweiligen Werkzeuge und leitet die Gruppe an, wann welches Werkzeug zu verwenden ist. Diese Werkzeuge wurden dazu geschaffen, die Realität nachzuempfinden. Dennoch unterscheiden einige wenige, aber ganz essenzielle Merkmale ein Online-Meeting von einem persönlichen Treffen – und genau darauf muss der Online-Moderator gut vorbereitet sein (vgl. Kapitel 1.3).

Grundhaltung des Moderators

Die Aufgabe des Online-Moderators ist es, das virtuelle Meeting so zu gestalten, dass die Gruppe (obwohl die Teilnehmer nicht persönlich aufeinandertreffen!)

- ein klares, gemeinsames Ziel hat und dieses Ziel auch gemeinsam verfolgt;
- während des gesamten Meetings aktiv in den Arbeitsprozess eingebunden ist;
- sowohl der Sacharbeit als auch dem emotionalen Miteinander volle Aufmerksamkeit widmet.

Das Selbstverständnis des Business-Moderators (gültig für jede Form der professionellen Moderation) wird in dem Band *30 Minuten Moderieren*, GABAL, 9. Auflage 2011, ausführlich beschrieben. An dieser Stelle wollen wir die wichtigsten Kennzeichen noch einmal zusammenfassen:

- Der Moderator ist Helfer der Gruppe, nicht ihr Chef.
- Er führt die Gruppe durch Fragen, nicht durch Aussagen.
- Er ist in der Sache neutral.
- Ist er auch inhaltlich beteiligt, muss er sich seiner speziellen Doppelrolle bewusst sein und der Gruppe anzeigen, wann er als Moderator und wann als inhaltlich beteiligte Partei auftritt. Gerade bei Online-Moderationen empfiehlt es sich, sich von einer zweiten Person unterstützen zu lassen.
- Er achtet darauf, dass alle Teilnehmer gleichermaßen und gleichberechtigt in den Arbeitsprozess eingebunden sind.
- Er sorgt durch die Visualisierung des Arbeitsprozesses dafür, dass die Ergebnisse schriftlich festgehalten werden.

In Kapitel 3.2 gehen wir ausführlich auf die Moderationsphasen ein und in Kapitel 4 widmen wir uns den Moderationsmethoden.

Der Online-Moderator hat die Aufgabe, ein virtuelles Treffen mit den bestehenden Werkzeugen der Online-Conferencing-Plattform möglichst neutral zu leiten und die Gruppe zu gemeinsamen Ergebnissen zu führen. Ist er als Einladender, Projektleiter oder Vorgesetzter auch inhaltlich beteiligt, dann gilt es, in besonderem Maß auf die Neutralität zu achten.

1.3 Die Besonderheiten eines Online-Meetings

Nachdem wir die Grundregeln der BusinessModeration auf die Online-Moderation angewandt haben, wollen wir nun die Besonderheiten des virtuellen Meetings genauer beleuchten.

Sozialer Kaltstart

Anders als bei persönlichen Meetings haben die Teilnehmer einer virtuellen Zusammenkunft nur wenige Möglichkeiten, sich vorher „warmzulaufen“. Der Small Talk, der oft im Vorfeld eines persönlichen Meetings stattfindet, erfüllt neben dem Wohlfühlfaktor noch eine weitere wichtige Aufgabe: Die Menschen haben ein Bild voneinander, und wenn sie sich in diesen ersten Minuten wohlwollend begegnet sind, fühlen sie sich sozial gut aufgehoben und sicher.

Findet dieses soziale Intro nicht statt, empfinden Menschen üblicherweise zunächst eine gewisse Unsicherheit. Sie wissen nicht, mit welchen Stimmungen und

mit welchen Kommunikationsmustern sie es bei den anderen Teilnehmern zu tun haben. Vielleicht hat jemand privaten Ärger gehabt und ist deshalb schlechter Laune, vielleicht gibt es aber auch Ärger mit dem Projekt ... Der kompetente Online-Moderator wird dieses Vakuum zu füllen wissen.
Seine Einstiegsmoderation wird auf die soziale Komponente des Teams Rücksicht nehmen und allen Teilnehmern ein Gefühl für den emotionalen Zustand der Gruppe geben (siehe Kapitel 3.2).

Vorsicht Technik!

So sehr man sich von Herstellerseite auch bemüht, die Online-Conferencing-Plattformen ganz intuitiv und einfach bedienbar zu machen: Wir müssen uns bewusst sein, dass wir es mit einer komplexen Software zu tun haben. Und je mehr diese Software leisten soll, desto mehr Funktionen und Features hat sie. Jeder, der schon einmal eine neue Software einsetzen musste, weiß, dass es sich dabei um einen Lernprozess handelt – und dass es viel Übung braucht, um sich damit vertraut zu machen.
Der Online-Moderator muss aber noch mit einer weiteren Herausforderung fertig werden: Er muss die Software so gut beherrschen, dass er auch seine Teilnehmer richtig anleiten kann – und das aus der Ferne. Mit einem guten Maß an Vorbereitung und der richtigen Anleitungstechnik ist man für diese Herausforderung gut gerüstet.

Der Kampf gegen Unaufmerksamkeit und Müdigkeit

Ein Online-Meeting ist schon durch die Anforderungen der Technik eine anstrengende Angelegenheit. Dementsprechend schnell ermüden die Teilnehmer und die Gefahr der Unaufmerksamkeit wächst schneller als in persönlichen Arbeitsgruppen. Anders als bei persönlichen Treffen können sich die Teilnehmer einer Online-Konferenz relativ leicht gedanklich verabschieden: die Versuchung, mal nebenbei eine E-Mail zu lesen oder gar schnell ein Telefonat zu führen, ist groß. Da der Online-Moderator, anders als sein Kollege in einem persönlichen Treffen, nicht sehen kann, womit sich seine Teilnehmer beschäftigen, muss er darauf achten, dass seine Teilnehmer „dabeibleiben". Mit einem gut strukturierten Regieplan und einem hohen Grad an Interaktion erreicht er dieses Ziel (Online-Moderationsplan siehe Kapitel 2.1).

Schwer zu beeinflussende Meeting-Disziplin

Die Gesprächsdisziplin ist schon in persönlichen Treffen ein Punkt, an dem Moderatoren gerne gemessen werden. In einem Online-Meeting-Raum ist sie noch essenzieller. Mehr noch: Sie entscheidet über Erfolg und Misserfolg des Meetings. Wann sprechen die Teilnehmer? In welcher Reihenfolge? Wie lange? Wer kommt wann zu Wort? Wie sollen Fragen gestellt werden? Die Antworten auf diese Fragen und die daraus resultierenden klaren Regeln sind wichtig, damit die

Veranstaltung nicht in einem Chaos endet. Der Moderator ist hier gefordert, mit seinen Teilnehmern ein Regelwerk zu erarbeiten, das dann auch alle gut einhalten können (siehe Kapitel 4.1 – der Online-Meeting-Guide).

Das Fehlen nonverbaler Signale

Beobachten Sie sich doch einmal selbst: Wenn Sie vor einer Gruppe präsentieren, stimmen Sie das, was Sie sagen, mit dem ab, was Sie als nonverbales Feedback aus Ihrem Publikum zurückbekommen. Nicken Ihre Teilnehmer zustimmend? Oder gibt es fragende Gesichter? Oder gibt es gar verschränkte Arme und verstörte Blicke? Was auch immer Sie in Ihrem Publikum wahrnehmen – es hat einen Einfluss darauf, was Sie als Nächstes sagen oder wie Sie es sagen. So sind wir „programmiert", so „ticken" wir. Die nonverbale Kommunikation der Körpersprache erleichtert zudem das Verstehen dessen, was jemand sagt – fehlt diese, so ist es deutlich schwerer zu verstehen, was der Sprecher sagen will.
In der virtuellen Umgebung fehlt diese Kommunikationsform. Die Teilnehmer können sich in aller Regel selbst bei einer Videoübertragung nicht in so guter Qualität sehen, dass diese Kommunikationshilfe durch Mimik und körpersprachliche Signale möglich wäre. Sie fehlen einerseits als Interpretationshilfe für Gesagtes und andererseits auch als Korrekturhilfe in Form von Feedback. Der professionelle Online-Moderator

weiß über diesen Sachverhalt Bescheid und lässt seine Gruppe regelmäßig Feedback geben über verschiedene Werkzeuge, die die fehlende nonverbale Kommunikation zumindest abfedern (wenn schon nicht ersetzen) können: Chat, verbale Feedback- oder kleine Abstimmungs-Runden.

30

Ein Online-Meeting unterscheidet sich von einem persönlichen Meeting in einigen wenigen, aber sehr wesentlichen Punkten, die allesamt in der Durchführung Berücksichtigung finden müssen.

- ***Wesentlich ist die Auseinandersetzung mit den Zielen des Treffens und den technischen Möglichkeiten, um die Teilnehmer einzubinden.***
- ***Je mehr Interaktion und Feedback dabei aus der Gruppe kommt, desto eher bleiben die Teilnehmer auch mit ihrer Aufmerksamkeit im Online-Meeting.***
- ***Die soziale Ebene darf im Online-Meeting nicht zu kurz kommen! Der Online-Moderator hat die Aufgabe, ein gut funktionierendes emotionales Miteinander sicherzustellen.***
- ***Das Fehlen der nonverbalen Kommunikation muss durch andere interaktive Kommunikationselemente ersetzt werden.***
- ***Ein vorher abgestimmtes Regelwerk gibt den Teilnehmern Sicherheit und sorgt für einen ruhigen und effizienten Arbeitsverlauf.***

30 MINUTEN

Wie sollte ein Online-Moderationsplan aussehen?

Seite 25

Was sollte in einer Einladung zu einer Online-Moderation stehen?

Seite 29

Wie wirkt sich die Anzahl der Teilnehmer auf die Vorbereitung aus?

Seite 35

2. Vorbereitung einer Online-Moderation

Die Vorbereitung einer Moderation hat großen Einfluss auf deren Erfolg. Bei der Online-Moderation gehen wir noch weiter und sagen: Eine Online-Moderation ohne Vorbereitung verläuft mit hoher Wahrscheinlichkeit ohne Erfolg. Lesen Sie in diesem Kapitel, wie Sie für sich und die Teilnehmer die optimalen Voraussetzungen für einen gelungenen Ablauf schaffen.

2.1 Inhaltliche, methodische und technische Vorbereitung

Da der Online-Moderator gefordert ist, die Aufmerksamkeit der Gruppe während der gesamten Veranstaltung zu binden, darf es keine Leerläufe geben. Je strukturierter das Online-Meeting vorbereitet ist, desto zügiger und effizienter wird die Durchführung. Der Ablauf sollte klar, straff und kurzweilig sein. Und zu guter Letzt sollten Sie sich mit der Technik so weit auseinandergesetzt haben, dass Sie alle Funktionen gut im Griff haben. So ein Jonglierakt gelingt nur mit der entsprechenden Vorbereitung.

Die gute Nachricht ist: Die Zeit, die Sie in die Vorbereitung stecken, gewinnen Sie über die Effizienz Ihrer zukünftigen Meetings wieder zurück. Bei der Vorbereitung sind mehrere Aspekte zu berücksichtigen – wir empfehlen an dieser Stelle den Blick auf die folgenden vier Bereiche:

- inhaltliche Vorbereitung/Zielsetzung
- methodische Vorbereitung
- technische Vorbereitung
- Einladung und Vorbereitung der Teilnehmer

Inhaltliche Vorbereitung/Zielsetzung

Der Ausgangspunkt jeder Vorbereitung ist die Zielsetzung des Meetings. Ist das Ziel einmal klar, können Sie die einzelnen Schritte zügig planen. Liegt Ihrem Meeting eine Tagesordnung zugrunde, dann definieren Sie für jedes Thema Ihr Ziel.

Beispiel

Der Tagesordnungspunkt lautet: neuer Fuhrpark. Das entsprechende Ziel dazu: Wir werden entschieden haben, welche Lkw-Hersteller für unseren neuen Lieferservice infrage kommen und wie wir in puncto Angebotseinholung weiter vorgehen wollen.

Methodische Vorbereitung

Jetzt überlegen Sie, was die Gruppe alles brauchen wird, damit dieses Ziel erreicht werden kann. Muss jemand eine Präsentation über die verschiedenen Anbieter halten? Sollen verschiedene persönliche Erfahrungen diskutiert werden? Brauchen Sie die Meinung Ihres Controllers? Wie kommen Sie am besten zu einem Gruppenergebnis?

In unserem Beispiel würden Sie unter Umständen entscheiden, dass Martina, die Controllerin, zunächst einen Überblick darüber geben soll, welche und wie viele Fahrzeuge benötigt werden und welches Finanzierungsmodell für das Unternehmen infrage kommt. Danach sollte die Gruppe ihre Meinungen, ihre Erfahrungen diskutieren können, um sich im letzten Schritt dann für zwei oder drei Hersteller zu entscheiden. Sind diese Dinge einmal klar, können Sie mit Ihrem Online-Moderationsplan beginnen. Halten Sie in einer Übersicht das Ziel, die Methoden und die benötigte Zeit fest.

Technische Vorbereitung

Im nächsten Schritt planen Sie die Umsetzung der einzelnen Methoden und überlegen, welche Werkzeuge/Medien Sie benötigen. In unserem Beispiel müssen Sie sicherstellen, dass Martina ein Dokument präsentieren kann. Sie brauchen ein Medium, über das die Diskussion laufen soll, und Sie wollen ein Tool für die Abstimmung. In unserem Beispiel könnte das so aussehen:

Thema: neuer Fuhrpark			
Ziel	**Methoden**	**Medien**	**Zeit**
Wir haben uns für eine Lkw-Marke für unseren Lieferservice entschieden	Präsentation durch Martina	Präsentation via Online-Präsentation *(Martina braucht Präsentationsrechte)*	10 Min.
	Geführte Diskussion	Geführte Diskussionsrunde *(gleichzeitiges Sprechrecht für alle einrichten)*	10 Min.
	Abstimmung	Abstimmungstool *(Abstimmung vorbereiten)*	5 Min.

Damit Martina die Präsentation im Online-Meeting-Raum den anderen zeigen kann, muss das System vorher so eingestellt sein, dass auch Teilnehmer ein Dokument präsentieren können. Bei manchen Systemen müssen diese Präsentationsrechte direkt beim Anlegen des Meetings eingestellt werden – bei anderen kann das während des Meetings geschehen. Ähnliches gilt auch für die Sprechrechte in unserem Beispiel: Wenn eine verbale Diskussion geführt wird, müssen auch alle Teilnehmer über ein Sprechrecht verfügen. Bei vielen Anbietern sind diese Sprechrechte für die Teilnehmer schon automatisch eingestellt, bei anderen muss man das erst aktivieren. Unser Beispiel endet mit einer Abstimmung, die über ein Abstimmungswerkzeug durchgeführt werden könnte.

Die meisten Online-Conferencing-Plattformen stellen all diese Werkzeuge bereit (siehe auch Kapitel 3.1) – in einigen davon kann man die Medien, die man später brauchen wird, im Vorfeld schon vorbereiten. Wenn Sie die Plattform noch nicht so oft verwendet haben, sollten Sie vor dem Meeting unbedingt einen Testlauf einplanen – das gibt Ihnen Sicherheit und verhilft Ihnen zu einem durchgängigen Meeting ohne Leerlauf.

Je klarer das Ziel des Meetings, desto leichter fällt die methodische Vorbereitung. Für die strukturierte Vorbereitung eignet sich ein Online-Moderationsplan. Legen Sie für jeden Tagesordnungspunkt das Ziel, die Methoden, die benötigten Medien/Werkzeuge und den Zeitrahmen fest. 30

2.2 Einladung und Vorbereitung der Teilnehmer

Anders als in einem persönlichen Treffen muss im Vorfeld eines Online-Meetings ein Austausch mit den Teilnehmern stattfinden. Je eher Sie Ihr Publikum inhaltlich vorbereiten können, desto sachlich wertvoller und zügiger wird Ihr Meeting verlaufen. Neben den üblichen Informationen wie Anlass, Zielsetzung, Ort, Zeit etc. werden Sie auch auf die technischen Rahmenbedingungen

eingehen. Die Teilnehmer sollten sich nicht während des Meetings mit der Technik auseinandersetzen müssen – diese Zeit geht sonst von der inhaltlichen Beteiligung ab. Der technische Rahmen muss also zuvor gründlich getestet worden sein.
Wir empfehlen, in der Einladung zu einem Online-Meeting folgende Punkte zu beachten – sehr gerne können Sie diese Auflistung auch als Checkliste für Ihre nächste Einladung verwenden.

„Ort" des Meetings und Zutrittsberechtigungen

Die wichtigsten Informationen sind natürlich der Hyperlink, der zum Online-Meeting-Raum führt, und die notwendigen Passwörter.

Zeitpunkt und Dauer

Bitten Sie Ihre Teilnehmer schon an dieser Stelle darum, während der gesamten Dauer des Meetings dabei zu sein. Sollte das nicht möglich sein, ersuchen Sie um Information schon vor dem Meeting. Appellieren Sie hier – im Interesse aller Teilnehmer – an die Pünktlichkeit und schaffen Sie Bewusstsein für die Problematik von Verspätungen. Verspätetes Erscheinen ist immer schwierig – im Online-Meeting ist es das in besonderem Maße.

Teilnehmer

Stellen Sie alle Beteiligten mit der Rolle vor, die sie im Meeting spielen werden. Das erspart Ihnen lange Erklärungen während des Meetings.

Technisches Equipment

Welches technische Equipment braucht jeder Teilnehmer? (Telefon? Headset? Webcam?) Eventuell: Wo sind diese Dinge zu bekommen? Sind bei der Installation dieses Equipments irgendwelche Besonderheiten zu beachten? Wichtig: Machen Sie die Teilnehmer schon im Vorfeld auf die Notwendigkeit einer stabilen Internetverbindung und einer ruhigen Arbeitsumgebung aufmerksam!

Technik-Check

Gibt es eine Möglichkeit für die Teilnehmer, den Online-Raum in Verbindung mit Headset und PC zu testen? Wenn Sie es mit einer ungeübten Gruppe zu tun haben, sollten Sie überlegen, den Teilnehmern ca. zwei Tage vor dem Meeting einen kurzen Technik-Check-Termin anzubieten. Wenn alles klappt, schafft dies Sicherheit. Wenn nicht: Zu diesem Zeitpunkt können Sie noch etwas unternehmen!

Der Weg in den Online-Konferenzraum

Legen Sie sich eine kurze Anleitung (maximal ein bis zwei DIN-A4-Seiten) zurecht, in der Sie den Teilnehmern beschreiben, wie sie in den Online-Raum kommen. Mögliche Elemente dieser Beschreibung sind:

- Anschließen des Headsets
- Einstellen der Lautstärke des Mikrofons und des Kopfhörers
- Sound-Einstellungen im Konferenzraum
- Was tun, wenn der Weg in den Online-Meeting-Raum nicht klappt?

- Wie sollen sich die Teilnehmer verhalten, nachdem sie den Raum betreten haben? Die Teilnehmer wissen (oft noch) nicht, ob man sie hören kann – und sie können einander nicht sehen. Um ein vielstimmiges „Hallo, hört man mich? Ist da wer?“ zu vermeiden, geben Sie bitte klare Anweisungen, wann und wie das Meeting losgehen wird bzw. wann Sie mit dem Soundcheck beginnen.

Fallback für Fehlstarts oder technische Probleme

Geben Sie Ihren Teilnehmern eine Möglichkeit, mit Ihnen Kontakt aufzunehmen, wenn sie – aus welchen Gründen auch immer – nicht pünktlich in den Online-Raum kommen können. Aber beachten Sie, dass Sie ab dem Start des Meetings nicht mehr telefonieren können, da Sie ja über das Headset oder Telefon mit dem Online-Meeting verbunden sind. Geben Sie Ihren Teilnehmern in diesem Fall eine E-Mail-Adresse, über die man mit Ihnen Kontakt aufnehmen kann, und behalten Sie diese parallel zum Meeting im Auge; oder geben Sie die Telefonnummer eines Kollegen bekannt, der eingeweiht ist und im Notfall auch Hilfe leisten kann.

Tagesordnung und Ziele des Meetings

Ihre Gruppe sollte eine sehr klare Vorstellung davon haben, was in diesem Meeting alles passieren soll – das hilft Ihnen, das Treffen straff und effizient zu halten. Fragen Sie im Vorfeld auch ab, ob aus der Gruppe noch Punkte kommen, die besprochen werden sollen, bzw.

ob etwas in der Tagesordnung fehlt. Formulieren Sie nicht nur die Themen, sondern auch die Ziele der einzelnen Tagesordnungspunkte (siehe Kapitel 2.1)!

Inhaltliche Vorbereitung der Teilnehmer

Hier machen Sie klar, welche Vorbereitungen aus der Gruppe kommen müssen, damit das Meeting auch inhaltlich zügig abgewickelt werden kann. Wenn Sie von jemandem einen Input, eine Präsentation, einen Beitrag erwarten, dann können Sie diese Bitte hier formulieren. Geben Sie an, welchen Umfang dieser Beitrag haben soll – Sie sind für eine zügige Abwicklung des Meetings verantwortlich und haben die Zeitplanung in der Hand (siehe Online-Moderationsplan Kapitel 2.1).

Virtuelles Blitzlicht

Das Blitzlicht ist das Abfragen eines aktuellen Wissenslevels oder eines Stimmungs-/Meinungsbildes zu einer konkreten Frage anhand einer Skala. Wir fragen die Teilnehmer, mit denen wir online arbeiten werden, gerne im Vorfeld schon, wie viel Erfahrung sie mit Online-Meetings haben – hier ein Beispieltext unserer Einladungen:

> **Beispiel**
> Ich würde gerne wissen, wie vertraut Sie mit virtuellen Meeting-Umgebungen sind – das hilft uns bei der Vorbereitung auf die gemeinsame Arbeit. Daher meine Frage: Welcher der folgenden Sätze trifft am ehesten auf Sie zu?

- Online-Meetings gehören zu meinem Arbeitsalltag – ich leite auch selbst Online-Meetings.
- Ich habe schon häufig an Online-Meetings teilgenommen.
- Ich habe schon einige Male mit Online-Meetings zu tun gehabt.
- Ich habe gar keine Erfahrung mit Online-Meetings.

Dieses Vorgehen hat gleich zwei Vorteile: Die Teilnehmer fühlen sich angesprochen und „abgeholt" – das baut schon automatisch Unsicherheit ab. Umgekehrt kann sich der Moderator damit schon ein klares Bild machen, wie sich die Gruppe zusammensetzt und mit welchen Erfahrungslevels er es zu tun haben wird.

Tipps und Tricks für einen guten Start

Geben Sie Ihren Teilnehmern noch ein paar Tipps mit auf den Weg, die Ihnen allen das Leben im Online-Meeting-Raum leichter machen werden.

Beispiele

Wenn Sie das erste Mal an einem Online-Meeting teilnehmen, testen Sie bitte Ihre Technik auf jeden Fall ein paar Tage vor dem Termin! Haben Sie Verständnis, dass wir im Laufe des Online-Meetings kaum noch Möglichkeiten haben, technische Konfigurationen zu überprüfen. Vorher können wir aber noch eingreifen.

Ich bemühe mich sehr, dieses Meeting so effizient und zeitschonend wie möglich zu gestalten. Bitte helfen Sie mir mit Pünktlichkeit und einer durchgängigen Teilnahme. Wenn Ihnen das nicht möglich sein sollte, sprechen wir bitte im Vorfeld darüber!

Bitte achten Sie darauf, dass Sie in einer ungestörten Atmosphäre am Meeting teilnehmen, sodass Sie sich dem Meeting auch mit voller Aufmerksamkeit widmen können.

Wenn Sie im Online-Raum angekommen sind, warten Sie bitte, bis Sie vom Moderator angesprochen und zum Soundcheck eingeladen werden – wir werden pünktlich starten. ☺

30

Der Kommunikation mit den Teilnehmern ist im Vorfeld eines Online-Meetings sehr viel Augenmerk zu widmen. Es geht hier sowohl um die inhaltliche Vorbereitung als auch darum, mögliche (technische und emotionale) Barrieren abzubauen.

2.3 Vorbereitung in Bezug auf die Gruppengröße

Die Wahl der Methoden und die Planung des Ablaufs werden auch stark bestimmt von der Anzahl der Teilnehmer. Technisch betrachtet sind der Gruppengröße wenige Grenzen gesetzt, da die meisten Plattformen theoretisch bis zu mehrere Hundert Teilnehmer bewältigen können.
Welche Methode jedoch bei welcher Größe der Gruppe Sinn macht, ist eine wichtige Überlegung für den Erfolg eines Online-Meetings.

Bis 10 Teilnehmer

Grundsätzlich gilt, dass bei Gruppen bis 10 Teilnehmern ein prozessorientiertes Arbeiten in jeder Variante gut möglich ist. Bei der Vorbereitung ist hier verstärkt darauf zu achten, ein hohes Maß an Interaktion zu planen und Methoden zu finden, die auch wirklich alle Teilnehmer einbeziehen, hier ein paar Beispiele:

- Verbales Feedback: Diese Gruppengröße ist gut geeignet, verbales Feedback einzuholen. Bereiten Sie ein paar ganz konkrete Fragen vor und lassen Sie diese Fragen reihum von allen beantworten.
- Mündliche Diskussionen: sind in dieser Gruppengröße eine sinnvolle Variante des Meinungsaustauschs. Nutzen Sie Methoden, die sicherstellen, dass alle etwas sagen, wenn Ihnen das wichtig ist. Schränken Sie die Redezeit auf ein sinnvolles Maß ein.
- Den Chat einbinden: Der Chat kann bei dieser Gruppengröße getrost nebenbei laufen und bietet eine sinnvolle Ergänzung zum gesprochenen Austausch.
- Gemeinsame Whiteboards: sind eine zweckmäßige Visualisierungshilfe für Gruppen dieser Größe.
- Document Sharing: Das gemeinsame Bearbeiten von Dokumenten ist besonders bei Gruppen bis zu 10 Teilnehmern sinnvoll. Viele Services lassen auch das gleichzeitige, gemeinsame Bearbeiten von Dokumenten zu.
- Break-Out-Sessions bieten den Teilnehmern die Möglichkeit, auch zu zweit oder zu dritt inhaltliche

Punkte ungestört auszuarbeiten und später im Hauptraum zu präsentieren.

Bis 25 Teilnehmer

In einer Gruppe mit mehr als 10 Teilnehmern gilt es besonders darauf zu achten, dass die einzelnen interaktiven Kommunikationsprozesse nicht zu langwierig werden. Bei der Vorbereitung eines solchen Meetings wird der Moderator daher einen Schwerpunkt darauf legen, den Input aus der Gruppe dynamisch einzubinden:

- Mündliche Wortmeldungen sollten erst erfolgen, wenn der Moderator das Wort erteilt. Viele Systeme bieten die Funktion des „Handhebens" an – der Moderator sieht, in welcher Reihenfolge die Meldungen erfolgt sind, und kann das Wort in der gleichen Reihenfolge erteilen. Es kann auch sinnvoll sein, die Redezeit zeitlich zu begrenzen.
- Dem Chat kommt in dieser Gruppengröße eine besondere Bedeutung zu. Ausführlichere Diskussionen sollten der Effizienz wegen unbedingt mit Unterstützung des Chats stattfinden. Auch Fragen zu präsentierten Inhalten sollten über den Chat gestellt werden (das kann schon während der Präsentation geschehen).
- Whiteboard und Blitzlichttechnik: Denken Sie an die Möglichkeit eines visualisierten Blitzlichts (siehe Kap. 2.2): Eine Frage wird über ein Whiteboard gestellt und die Teilnehmer geben ihre Antwort über eine visuelle Markierung (Punkt, Kreuz etc.) auf einer Skala.

- Abstimmung: Wann immer sinnvoll und möglich können hier schnelle Feedbacks über eine Abstimmungsrunde eingeholt werden.

Mehr als 25 Teilnehmer

Diese Gruppengrößen sind sinnvoll, wenn ein Informationsbedarf besteht, also eine Neuigkeit präsentiert werden muss. Sinnvoll sind sie aber auch bei einem schnellen Schulungsbedarf oder wenn ein Arbeitsergebnis von einer größeren Gruppe zu beurteilen ist.

Bei der Planung solcher Meetings liegt der Schwerpunkt auf der Präsentation des Inhaltes und der Gestaltung einer oder mehrerer Feedback-Runden. Unsere Empfehlungen:

- Präsentation: Achten Sie schon bei der Präsentation der Inhalte auf möglichst kurze Kapitel und planen Sie zwischen den einzelnen Kapiteln regelmäßige Feedback-Runden ein.
- Abstimmung/Umfragen: Arbeiten Sie hier so oft wie möglich mit Werkzeugen des nonverbalen Feedbacks und stellen Sie Ihre Fragen an das Publikum so konkret wie möglich. Einige Plattformen lassen Abstimmungen auch in größerem Umfang zu, sodass man sogar eine kleine Umfrage erstellen kann.
- Fragen aus dem Publikum sollten über den Chat gestellt werden. Ab einer gewissen Anzahl von Fragen empfiehlt es sich, die Fragen in einer kurzen Pause zu clustern (also nach Themengebieten zu sortieren) und dann auch gesammelt zu beantworten.

Die Vorbereitung einer Online-Moderation entscheidet über Erfolg oder Misserfolg und kann helfen, schwierige Situationen zu vermeiden.

- ***In der inhaltlichen Vorbereitung klären Sie die Zielsetzung jedes einzelnen Tagesordnungspunktes.***
- ***In der methodischen Vorbereitung legen Sie fest, wie Sie diese Ziele erreichen können, und erstellen einen Online-Moderationsplan für das gesamte Online-Meeting.***
- ***In der technischen Vorbereitung richten Sie die Werkzeuge für die jeweiligen Methoden ein.***
- ***Bei allen Vorbereitungen ist die Größe der Gruppe im Auge zu behalten und die Wahl der Methoden und Werkzeuge an die jeweilige Teilnehmerzahl anzupassen.***
- ***Sie schaffen die besten Voraussetzungen für eine positive Arbeitsatmosphäre, indem Sie Ihre Gruppe inhaltlich gut einstimmen und mögliche Barrieren abbauen.***

30 MINUTEN

Welche Werkzeuge hat der Online-Moderator im Online-Meeting-Raum zur Verfügung?
Seite 41

Welche sind die 6 Sachphasen des Online-Moderationszyklus?
Seite 50

3. Durchführung einer Online-Moderation

Die Werkzeuge der klassischen Moderation sind Ihnen bekannt: das Flipchart, die Pinnwand, der Beamer, Moderationskarten, Klebepunkte etc. In der Online-Meeting-Umgebung sind diese Medien natürlich so nicht einsetzbar – andere treten an ihre Stelle. Dazu kommen die Werkzeuge, die das Fehlen des akustischen und visuellen Kontakts ausgleichen müssen, Tools, die Ihnen ein Feedback Ihrer Gruppe ermöglichen, und Medien, die den Austausch Ihrer Gruppe untereinander sicherstellen.

3.1 Die Werkzeuge der Online-Moderation

Zunächst ersuchen wir herzlichst um Ihr Verständnis, dass wir hier nicht auf die Besonderheiten jeder einzelnen Online-Conferencing-Plattform eingehen können – das würde den Rahmen dieses Büchleins sprengen. Aber viele der gängigsten Plattformen arbeiten mit ähnlichen Werkzeugen, einfach weil sie sich bewährt haben. Auf die wesentlichen Werkzeuge wollen wir in diesem Kapitel eingehen.

Teilnehmerliste und Statusinformationen

Jeder Online-Conferencing-Raum bietet einen Überblick über die Teilnehmer, die gerade im Raum anwesend sind. Sehr oft ist die Funktion der Teilnehmerlisten verknüpft mit weiteren hilfreichen Informationen für den Moderator, daher sollte man sich angewöhnen, diese Liste sehr aufmerksam zu betrachten und im Auge zu behalten. Es ist beispielsweise möglich, dort die Toneinstellung für den Teilnehmer zu regeln oder zu erkennen, wie gut die Verbindung des einzelnen Teilnehmers ist. Mindestens genauso wichtig aber sind die Feedback-Funktionen der Liste, über die ein Teilnehmer Ihnen Rückmeldungen geben kann.

Feedback der Teilnehmer

Die meisten Teilnehmerlisten sind so gestaltet, dass Ihre Gruppe „ohne Worte“ mit Ihnen kommunizieren kann. Die häufigsten Feedbackmöglichkeiten sind:

- Hand heben (Wortmeldung)
- Stimmung anzeigen über sogenannte Emoticons (das sind meist Smileys oder ähnliche Zeichen)
- Zustimmung oder Ablehnung anzeigen

Da Sie keinen (direkten) Blickkontakt zu Ihrer Gruppe haben, können Sie auf das körpersprachliche Feedback nicht zählen – setzen Sie daher die Feedbacktools so oft wie möglich ein. Sie helfen Ihnen außerdem, mit Ihrer Gruppe ständig in Kontakt zu bleiben.

Übertragung der Stimme – Soundanbindung

Die meisten Online-Meeting-Räume bieten den Teilnehmern die Möglichkeit, sich akustisch zu verständigen. In manchen Fällen funktioniert das über das Telefon, in anderen über das Internet, das sogenannte Voice over IP (VoIP). In letzterem Fall sollten Sie darauf achten, dass Ihre Gruppe Headsets verwendet (also die Kombination aus Mikrofon und Kopfhörer) – alle anderen Konfigurationen können zu störenden Nebengeräuschen und Rückkopplungen führen.
Diese verbale Austauschmöglichkeit ist eine essenzielle Säule der Online-Meetings. Allerdings: Achten Sie bitte darauf, dass die Teilnehmer mit ihren Wortmeldungen auf den Punkt kommen.

Übertragung des Bildes – Videoanbindung

Viele Online-Plattformen übertragen auch das Bild der Teilnehmer via Live-Stream. Diese Funktion ist meist optional, kann also vom Moderator aktiviert und deaktiviert werden. Das hat seine Gründe:

- Sehr oft sind die Übertragungsraten noch nicht so schnell, dass ein ruckfreies Bild gesendet bzw. empfangen werden kann. Die Übertragung von Mimik und Gestik leidet darunter bzw. wird fast unmöglich.

- Das führt auch dazu, dass die Lippenbewegungen und die Stimme der sprechenden Person oft nicht synchron laufen – ein für den Betrachter mehr irritierendes als hilfreiches Erlebnis.
- Um „echten“ Blickkontakt mit der restlichen Gruppe herzustellen, müsste der Sprecher während seiner Präsentation gleichzeitig in seine eigene Webcam schauen – eine herausfordernde Aufgabe für jemanden, der das nicht schon oft geübt hat.

Wenn es die Bandbreite zulässt und die Anzahl der Teilnehmer nicht zu hoch ist, eignet sich die Übertragung des eigenen Kamerabildes ideal, um die Situation eines echten Treffens möglichst gut erlebbar zu machen. So haben alle ein Bild des Gegenübers. Das schnellste Feedback ist immer über das Kamerabild möglich. So kann etwa vereinbart werden, dass ein “Daumen hoch” in die Kamera eine Zustimmung signalisiert, während ein “Daumen runter” Ablehnung und ggf. Gesprächsbedarf bedeutet. Haben sich die Teilnehmer an diese Art des Feedbacks gewöhnt, sind schnelle Abstimmungen via Kamera möglich.

Chat

Viele Plattformen bieten einen Chat an – ein Fenster innerhalb des Online-Raums, über das sich die Teilnehmer mit schriftlichen Nachrichten austauschen können. Die Vorteile dieses Tools können gar nicht hoch genug eingeschätzt werden:

- Über den Chat lässt sich sehr schnell ein Stimmungsbild einfangen, ohne dass jeder Einzelne sich verbal einbringen muss (was in der Regel sehr viel Zeit kostet).
- In Online-Diskussionen kann man auf den Chat fast nicht mehr verzichten – bei einfacheren Themen können hier sehr schnell die Meinungen der einzelnen Teilnehmer gesammelt werden.
- Bei Präsentationen hat es sich bewährt, dass die Fragen aus der Gruppe schon während der Präsentation über den Chat gestellt werden können und der Präsentator durch das gleichzeitige Beobachten des Chats einen guten Überblick über Art und Umfang der Fragen hat – und möglicherweise gleich in der Präsentation schon darauf eingehen kann. Das macht eine Online-Präsentation lebendig und interaktiv.
- Oft kann man den Inhalt des Chats abspeichern, was die Protokollführung deutlich erleichtert.
- Sollte die akustische Verbindung ausfallen, liefert der Chat sehr wertvolle Unterstützung: Der Moderator kann mit dem Teilnehmer trotzdem in Verbindung bleiben.
- Der soziale Wert eines Chats ist sehr hoch: Er ermöglicht den Teilnehmern einen informellen und raschen Austausch untereinander.

Präsentationsflächen

Alle Online-Conferencing-Systeme haben ihren Ursprung in den Möglichkeiten der Präsentation. Und die Bedeutung dieses Werkzeugs ist nach wie vor ungebrochen: Der Moderator oder ein Präsentator zeigt den anderen Teilnehmern Inhalte über Präsentationsfolien, meist ein PowerPoint-Dokument, ein PDF oder auch Inhalte einer Website, und erläutert diese Inhalte mündlich. Das ist an sich nichts Neues, diese Form der Kommunikation ist schon zum täglichen Bestandteil unseres Geschäftslebens geworden. Präsentationsregeln, wie wir sie aus den persönlichen Meetings kennen, gelten auch für die Online-Welt. Für die Präsentation im Online-Meeting-Raum achten Sie aber bitte auf einige Besonderheiten:

- Online-Präsentationen zu folgen ist deutlich anstrengender, weil die Teilnehmer in der Regel nur die präsentierten Inhalte sehen. Sie hören auch, was der Vortragende dazu spricht, sehen jedoch den Menschen nicht, der diese Inhalte präsentiert. Das bedeutet: Die Mimik und Gestik des Präsentators, die einen Vortrag oft unterstützen, fehlen in diesem Fall oder sind nur eingeschränkt vorhanden (siehe Ausführungen im Punkt „Übertragung des Bildes"). Alle fünf bis sieben Minuten sollte daher ein Austausch mit dem Publikum erfolgen.
- Stellen Sie Ihrer Gruppe schon vor der Präsentation eine Aufgabe, die deren Aufmerksamkeit bündelt. Bitten Sie sie zum Beispiel, Ihnen nach der Präsentation ihre Meinung zu einer konkreten Frage mitzuteilen.
- Achten Sie auf Ihre Artikulation – da Sie Ihre Worte nicht durch Ihre Gestik unterstreichen können, muss Ihre Stimme das übernehmen!

- Sorgen Sie für Bewegung in der Präsentation, versuchen Sie statische Bilder, die dann minutenlang auf dem Bildschirm stehen bleiben, zu vermeiden.

Für den Online-Moderator ist die Präsentationsfläche darüber hinaus ein wertvolles Werkzeug, um Anleitungen für die Gruppe zu visualisieren.

Whiteboard

Viele Online-Plattformen ergänzen ihre Präsentationsflächen durch Zeichenwerkzeuge: Das sogenannte Whiteboard ist das Äquivalent zum Flipchart. Es lässt einfache Zeichenfunktionen zu (oft auch in Verbindung mit einer Präsentation). Häufig kann der Moderator das Whiteboard so einstellen, dass auch die Teilnehmer darauf zeichnen können.

Allerdings ist das Zeichnen mit der Computer-Maus eine recht ungewohnte Angelegenheit und das gezeichnete Ergebnis nicht immer wunschgemäß. Gut einsetzen können Sie es in folgenden Fällen:

- Beim Abbilden eines Blitzlichts (siehe Kapitel 2.2).
- Wenn Sie in Ihrer Präsentation etwas hervorheben wollen.
- Um Ihre Präsentation durch ein paar gesetzte Zeichnungen dynamisch zu unterstützen, während Sie die Inhalte vortragen.

Wenn Freihandzeichnungen für Ihren Anwendungszweck besonders wichtig sind, sollten Sie den Einsatz eines Grafiktabletts erwägen. Das Grafiktablett ist eine druckempfindliche Platte, die an den PC angeschlossen wird. Skizzen, die mit einem Stift auf diese Platte gezeichnet werden, werden direkt über das Grafiktablett digitalisiert, an den PC gesendet und dort als Zeichnung angezeigt.

Abstimmung

Viele Plattformen verfügen heute über ein mehr oder weniger umfangreiches Abstimmungswerkzeug. Diese kleinen Voting-Programme sind in der Online-Moderation sehr wertvoll, weil sie ein schnelles Meinungsbild erfassen und die Kommunikation mit der Gruppe sehr stark auflockern können. Es empfiehlt sich allerdings, schon im Vorfeld darüber nachzudenken, welche Frage Sie an welcher Stelle an Ihre Gruppe richten wollen. Achtung: Diese Umfragen sind nur teilweise anonym – oft kann der Moderator die Ergebnisse einsehen und erkennen, wer welche Stimme abgegeben hat.

Document-Sharing – Gemeinsames Bearbeiten von Dokumenten

Cloud-Dienste, wie etwa der Google Workspace oder das Pandent dazu, Microsoft 365, ermöglichen das Anlegen und gemeinsame Bearbeiten von Dokumenten.

- Der Moderierende kann also einerseits über "Desktop-Sharing" ein beliebiges Dokument bearbeiten und die Teilnehmer dabei zusehen lassen und andererseits,
- wenn dieses Dokument in einer Cloud gespeichert ist, kann es für die gemeinsame Bearbeitung durch die

Teilnehmer freigegeben werden. Die Teilnehmer erhalten also das Recht, ein Dokument, das sie über einen bestimmten Link aufrufen können, gemeinsam zu bearbeiten. Die Ergebnisse sind jeweils live zu sehen.

Beim Application Sharing wird dabei nur ein Programm (wie in unserem Beispiel Excel) freigegeben. Die Teilnehmer können sich im Remotemodus (aktives Application Sharing) also nur innerhalb des Programms bewegen. Das Desktop Sharing erweitert diesen Zugriff auf den gesamten Desktop des Moderators – hat dieser also mehrere Programme geöffnet, würde der Zugriff auf alle geöffneten Programme ermöglicht. Übrigens: Die Teilnehmer müssen die zu bearbeitenden Programme nicht auf ihrem eigenen PC installiert haben, damit diese Methode funktioniert.

30

Viele der gängigen Online-Conferencing-Plattformen arbeiten bereits mit etablierten Werkzeugen, wie der Übertragung von Audio- und Videosignalen, Chat, Feedback-Tools, Präsentationen, Abstimmung oder Document Sharing.

3.2 Der Moderationszyklus – die 6 Phasen der Moderation

Die Technik des Online-Meeting-Raums ist die eine Säule der Online-Moderation, die Methoden des

Moderierens die andere. Wie bei jedem zielorientierten Gespräch ist es auch und gerade im Online-Umfeld erforderlich, dass jemand das Gespräch leitet, die Ziele und das Zeitmanagement im Auge behält, die Gruppe auf das Thema zurückbringt, wenn die Diskussion ausufert, und ihr hilft, Entscheidungen zu treffen, wenn es keine Einigkeit gibt. Über die Technik des Moderierens ist bereits einiges an Literatur erschienen (zum Beispiel 30 *Minuten Moderieren*) – dennoch wollen wir kurz auf die Grundlagen der Moderationslehre eingehen, weil diese Basis gerade in der Online-Moderation unabdingbar ist.

Sachprozess und Gruppenprozess

Sicher ist Ihnen nicht entgangen, dass wir schon beim Thema Vorbereitung darauf hingewiesen haben, den Teilnehmern sowohl inhaltlich als auch emotional Orientierung und Starthilfe zu geben. Dieses „duale Prinzip der Moderation" setzt sich auch während des Online-Treffens fort. Da wir im Online-Meeting nicht auf die bewährten sozialen Hilfsmittel (wie Small Talk, informelles Kennenlernen, Kaffeepausen, gemeinsames Mittagessen etc.) setzen können, ist es umso mehr die Aufgabe des Moderators, neben der Sachebene auch auf der Beziehungsebene zu arbeiten. In den nachfolgenden Kapiteln zur Durchführung einer Online-Moderation werden wir daher jeweils beide Ebenen beleuchten: den Sach- und den Gruppenprozess.

Die MODERATIOnsMETHODE

Die Basis jeder Moderation ist die Technik des Moderierens (vgl. auch Seifert: *Visualisieren, Präsentieren, Moderieren*, GABAL, 31. Aufl. 2012). Die MODERATIOnsMETHODE gibt Ihnen dazu ein Werkzeug an die Hand, das gerade im Online-Umfeld sehr wichtig ist, denn neben der Grundhaltung des Moderators (siehe Kap. 1.2) und den verschiedenen Techniken und Hilfsmitteln (siehe Kapitel 3.1) liefert die MODERATIOnsMETHODE auch ein Strukturmodell, mit dessen Hilfe jede Besprechung, jedes Meeting, jeder Workshop gut strukturiert ablaufen kann. Und diese Struktur ist die absolute Basis für ein erfolgreiches Online-Meeting: Nur wenn Ihre Teilnehmer nachvollziehen können, wann was mit welchem Ziel besprochen werden soll, bleiben sie gedanklich auch dabei.

Der Moderationszyklus

Jeder Moderationsprozess lässt sich in sechs Phasen gliedern und als Moderationszyklus darstellen. Dem eigentlichen Moderationsprozess vorangestellt ist die Vorbereitung, hier die Online-Einladung, die im Vorfeld des eigentlichen Online-Meetings stattfindet. Anders als bei den klassischen Meetings findet in dieser Phase bereits eine starke Interaktion mit den Teilnehmern statt, daher kommt dieser „Phase null" im Online-Meeting deutlich mehr Bedeutung zu. Im vorliegenden Buch haben wir dieser Phase daher auch ein ganzes Kapitel gewidmet (siehe Kap. 2.2).

Sie können sich als Moderator sehr gut an diesem Framework orientieren und Ihre Moderation entlang dieser Phasen vorbereiten. In den folgenden Kapiteln werden wir auf jede einzelne der sechs Phasen eingehen und dabei jeweils die Anforderungen sowohl im Sach- als auch im Gruppenprozess beleuchten.

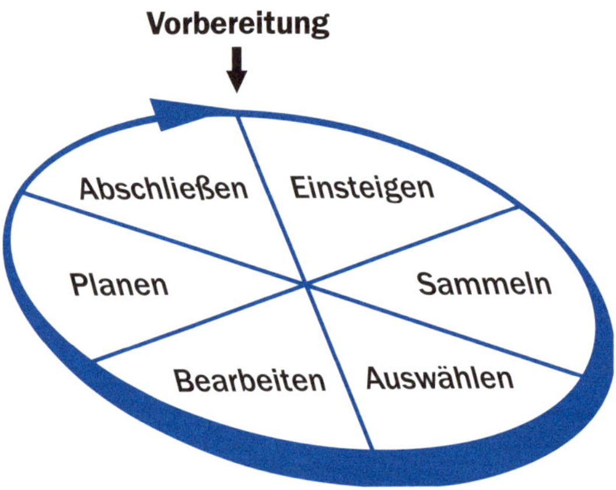

1. Phase: Einstieg

In diesem Moderationsschritt geht es darum, die Teilnehmer „ankommen" zu lassen und positiv zu starten. Ihre Gruppe braucht hier auf der inhaltlichen Ebene:

- Orientierung bezüglich der Dauer und der Tagesordnungspunkte (TOPs) des Meetings
- Ein Bewusstsein dessen, was bei den einzelnen TOPs erreicht werden soll (Zielsetzung)

Je nachdem, wie viel Online-Erfahrung die Teilnehmer Ihrer Meeting-Runde mitbringen, sind vielleicht auch emotionale Unsicherheiten abzubauen. Fragen, die sich jeder Einzelne hier stellen könnte, sind:

- Wie funktioniert das hier überhaupt?
- Mache ich alles richtig? Hört man mich? Sieht man mich?
- Wer sind eigentlich die anderen?
- Wann darf ich was sagen?
- Wie kann ich etwas sagen?
- Blamiere ich mich vielleicht, wenn ich einen falschen Knopf drücke?

In der Phase des Einstiegs müssen Sie als Moderator Antworten auf all diese Fragen geben – unabhängig davon, ob diese Fragen (laut) gestellt wurden oder nicht. Vereinbaren Sie gegebenenfalls mit Ihrer Gruppe Regeln, die Ihnen helfen, das Meeting erfolgreich abzuwickeln.

2. Phase: Sammeln

Die zweite Phase dient dem Sammeln der zu besprechenden Themen, hier also konkret dem Abstimmen und gegebenenfalls Ergänzen der Agenda. Im optimalen Fall haben Sie als Moderator die anstehenden Dinge bereits mit der Online-Einladung geklärt. Dennoch könnten neue Punkte dazugekommen sein bzw. der eine oder andere könnte noch etwas in petto haben, was er unbedingt mit einbringen will. Auf der inhaltlichen Ebene (Sachprozess) ist es hier unabdingbar, dass Sie in der Zielsprache bleiben. Also: zu jedem TOP auch das entsprechende Ziel formulieren. Visualisieren Sie die Agenda auf einer eigenen Folie, damit allen klar ist, was gemeint ist, und schreiben Sie neue Punkte dort dazu.

Auf der emotionalen Ebene (Gruppenprozess) haben Sie darauf zu achten, dass

- alle wissen, welche Themen geplant sind und welche Rolle Sie dabei spielen;
- alle Fragen zur Agenda geklärt sind und alle Teilnehmer damit „leben" können;
- alle Teilnehmer, die zusätzliche Punkte in die Agenda einbringen wollten, das auch tun konnten.

Gerade für den Online-Gruppenprozess ist es wichtig, dass Sie hier zunächst alle Wünsche zulassen. Jeder einzelne Teilnehmer muss das Gefühl bekommen, dass seine Anliegen gehört werden und Berücksichtigung finden. Das schafft Identifikation und emotionale Teilnahme. Erst im nächsten Schritt – dem Auswählen – wird die Gruppe gemeinsam darüber entscheiden, welche Priorität sie den einzelnen Punkten zuordnet.

3. Phase: Auswählen

Da nicht alle Themen zeitgleich bearbeitet werden können, muss die Gruppe entscheiden, in welcher Reihenfolge sie die Themen bearbeiten will. Dies kann auf zwei Arten geschehen:

- Konsens: Die Reihenfolge ist so logisch und so zwingend, dass der Moderator einen Vorschlag macht und um ein Feedback der Gruppe bittet, ob sie mit dem Vorschlag einverstanden ist (Feedbacktool oder Chat).
- Voting: Alternativ kann der Moderator ein Abstimmungstool einsetzen. Die meisten Online-Plattformen verfügen über ein derartiges Tool, das ein schnelles Meinungsbild der Gruppe einfangen kann.

Beispiel
Mit welchen Tagesordnungspunkten sollen wir starten? (Wählen Sie bitte drei Themen aus):
- Weitere Vorgehensweise Fuhrpark
- Unser nächster Betriebsausflug
- Offene Punkte für die Budgetplanung 2011
- Urlaubsvertretung des Geschäftsführers
- Pensionierung unseres Personalleiters

Nun wählt jeder Teilnehmer die drei Themen, die ihm am wichtigsten sind. Durch diese Abstimmung entsteht eine Reihenfolge, nach der Sie als Moderator vorgehen können, ohne dass die Gruppe lange diskutieren muss. Sie sichert Ihnen ein zügiges Vorankommen (Sachprozess). Gleichzeitig sichert das Voting eine demokratische Entscheidungsfindung (Gruppenprozess).

4. Phase: Bearbeiten

In diesem Schritt bearbeitet die Gruppe die Themen in der festgelegten Reihenfolge. Dafür ist es notwendig, eine dem jeweiligen Ziel entsprechende Methodik anzuwenden. Ziele in der Phase des Bearbeitens können sein:

- Informationsaustausch
- Problemanalyse
- Entscheidungsvorbereitung
- Entscheidung

Je nach konkreter Zielsetzung werden Sie unterschiedliche Werkzeuge (einige davon haben wir im Kapitel 3.1 beschrieben) und unterschiedliche Methoden (siehe Kapitel 4) einsetzen.
Unabhängig davon, wie Sie vorgehen, sollten Sie unbedingt folgende Grundregeln für einen guten Gruppenprozess im Auge behalten:

- Stellen Sie die Methode vor, aber diskutieren Sie sie nicht. Sie sind der Methodenspezialist – Diskussionen rund um die Arbeitsweise haben in der Regel wenig Sinn und ermüden Ihre Teilnehmer.
- Legen Sie großes Augenmerk darauf, dass Ihre Gruppe stets weiß, wann sie was zu tun hat.
- Visualisieren Sie die nächsten Schritte über eine Anleitungsfolie und zeigen Sie diese zwischendurch.
- Demonstrieren Sie auch einzelne Arbeitsschritte kurz, wenn Sie damit rechnen müssen, dass es Teilnehmer gibt, die bei der Verwendung der einzelnen Werkzeuge noch unsicher sind.
- Achten Sie auf ein gut funktionierendes Teamwork und das gerechte Verteilen der Redezeit. Binden Sie

hier ganz aktiv auch stillere Teilnehmer mit ein und bremsen Sie Vielredner.

- Geben Sie ein klares Zeitmanagement vor: Wie viel Zeit steht für die Präsentation zur Verfügung? Wie viel für die Diskussion und die einzelnen Wortmeldungen? Ein guter Moderator wird auch an seinem Zeitmanagement gemessen. Seien Sie dabei nicht pedantisch, aber nehmen Sie diese Aufgabe ernst!

Übrigens: In diesem Schritt geht es noch nicht darum, was Sie wirklich umsetzen werden, sondern darum, was Sie umsetzen könnten. Lassen Sie Ihre Gruppe hier ruhig verschiedene Lösungsansätze finden und diskutieren.

5. Phase: Planen

Jetzt erst legt die Gruppe fest, welche Maßnahmen sie aufgrund der Ergebnisse aus der Bearbeitung der einzelnen TOPs durchführen und wer was bis wann erledigen wird. Der „Maßnahmenplan“ leistet dabei sehr gute Dienste. Es hat sich bewährt, diesen Aktionsplan gemeinsam mit der Gruppe auszufüllen (sichtbar für jeden Teilnehmer – zum Beispiel über Document Sharing).

Bei Ihrer inhaltlichen Arbeit achten Sie bitte besonders darauf, dass die Maßnahmen sehr konkret und möglichst in ganzen Sätzen formuliert sind (also mit einem Verb). Das bloße Festhalten von Stichworten kann später zu Missverständnissen führen.

Für einen guten Gruppenprozess ist es wichtig, dass keine Aufgabe an jemanden verteilt wird, der nicht am Meeting teilnimmt. Soll jemand, der nicht anwesend ist, etwas erledigen (wie im Beispiel unten Rüdiger), dann muss die Maßnahme folgendermaßen lauten:

Was?	Wer?	Wann?	Check?
Rüdiger bitten, 2-3 Angebote von Lkw-Firmen einzuholen und die Angebote beim nächsten Meeting zu präsentieren	Martina	Per E-Mail im Anschluss an dieses Meeting	Martina wird Feedback von Rüdiger bis Ende der Woche an alle per Mail weitergeben

Vergessen Sie nicht, sich vor dem Festhalten einer Maßnahme ein verbales Okay von dem jeweils Verantwortlichen einzuholen. Da Sie ihn nicht sehen können und er „seine“ Maßnahme nicht abnicken kann, ist dieser Schritt notwendig, um Verbindlichkeit zu erzeugen. TOPs, die an diesem Tag aus zeitlichen Gründen nicht mehr besprochen werden können, müssen sich ebenfalls hier finden – indem zum Beispiel festgehalten wird, dass dieses Thema auf die Tagesordnung des nächsten Meetings kommt.

6. Phase: Abschließen

Auch in Online-Meetings sollte die Besprechung mit einer kurzen Reflexion der gemeinsamen Arbeit enden. Da Sie ja keinen Blickkontakt zu Ihrer Gruppe haben, ist es wichtig zu hinterfragen, ob für jemanden noch etwas offen ist. Möglicherweise empfindet jemand einen Punkt als nicht ausreichend diskutiert oder möchte noch etwas einbringen. Im Online-Umfeld haben sich dazu sogenannte Abschluss-Blitzlichter sehr bewährt (siehe Kapitel 4). Als Online-Moderator sollten Sie auch Feedback dazu einholen, wie das Meeting als solches erlebt wurde. Mit großer Wahrscheinlichkeit können Sie sich aus diesem Feedback ein paar Anregungen für das nächste Mal holen.

Eine erfolgreiche Online-Moderation basiert auf zwei Säulen:

- ***Die Technik des Online-Meeting-Raums umfasst die Werkzeuge, die dem Moderator für seine Arbeit zur Verfügung stehen, wie Chat, Präsentation, Whiteboard, Abstimmung und Document Sharing.***
- ***Die Technik des Moderierens basiert auf den sechs Phasen des Moderationszyklus, wobei die Phase null (die Vorbereitung der Gruppe auf das Online-Meeting) im Online-Umfeld ebenfalls eine sehr starke Bedeutung hat.***
- ***Die sechs Phasen des Online-Moderationszyklus umfassen Einstieg, Klären/Ergänzen („Sammeln“) sowie Priorisieren der Themen, Bearbeitung, Maßnahmenplanung, Abschluss.***

30 MINUTEN

Welche Methoden können in den einzelnen Phasen der Online-Moderation eingesetzt werden?

Seite 61

Gibt es Methoden, um die Teilnehmer der Online-Gruppe auch menschlich einander näherzubringen?

Seite 72

4. Techniken und Methoden für eine erfolgreiche Online-Moderation

Nun kennen Sie die grundlegende Technik des Moderierens und haben sich mit den Werkzeugen in Ihrem Meeting-Raum vertraut gemacht. Dieses Kapitel beschäftigt sich mit den Methoden, die Sie als Online-Moderator einsetzen sollten, um Ihre Moderationsziele auch umsetzen zu können.

4.1 Die Online-Moderationsmethoden

Neben der Beschreibung dieser Methoden geben wir Ihnen Hinweise zu folgenden Fragen:

- In welcher Phase des Moderationszyklus lässt sich diese Methode einsetzen? (Wann?)
- Für welchen Anwendungsbereich? (Wozu?)
- Mit welchem Werkzeug können Sie diese Methode umsetzen? (Wie?)

Soundcheck

Wozu? Schafft Klarheit, wie die Anwesenden gehört werden und wie sie die anderen hören. Indem der Soundcheck mit einer persönlichen Frage verbunden wird, stellen Sie obendrein einen ersten zwischenmenschlichen Kontakt unter den Teilnehmern her und bringen soziale Wärme in den Raum.

Wie? Leiten Sie den Soundcheck sowohl verbal als auch mit einer Anleitungsfolie an. Darauf steht die Frage, die jeder Einzelne beantworten soll, als eine Anleitung, wie alle anderen Rückmeldung geben sollen.

Beispiel

Bitte erzählen Sie kurz, wie Ihr heutiger Tag bisher verlaufen ist. Alle anderen bitte ich um Feedback über Chat, wie sie denjenigen, der gerade spricht, verstehen können. Schicken Sie ein „+“, wenn Sie ihn gut hören können. Schicken Sie ein „–“, wenn Sie Verständigungsprobleme haben.

Klären Sie schon hier, in welcher Art und Weise der Sprechende schlecht gehört wird (zu laut, zu leise, verzerrt etc.).

Welches Werkzeug? Präsentationsfläche für Anleitungsfolie; Chat für Feedback

Wann? Phase 1: Einstieg

Online-Meeting-Guide

Wozu? Der Online-Meeting-Guide ist ein Regelwerk, das Ihrer Gruppe hilft, die Besonderheiten im Online-

Meeting-Raum zu verstehen und ihr Verhalten danach auszurichten. Geben Sie Ihren Teilnehmern auf jeden Fall Informationen darüber,

- wie sie damit umgehen sollen, dass es wenig bis keinen Blickkontakt gibt;
- wie sie sich verhalten sollen, wenn es technische Schwierigkeiten gibt;
- wie und wann sie Fragen stellen können;
- aber auch allgemeine Regeln, wie Pünktlichkeit, Abmelden beim Verlassen des Arbeitsplatzes und der Appell an eine entsprechende Meeting-Disziplin.

Ein Beispiel für einen Online-Meeting-Guide finden Sie unten.

Wie? Stellen Sie den Online-Meeting-Guide auf einer Präsentationsfolie vor – erläutern Sie Ihrer Gruppe den Hintergrund der einzelnen Punkte. Fragen Sie nach Vorschlägen bzw. holen Sie sich über eine Feedback-Runde das Einverständnis Ihrer Teilnehmer ab.

Welches Werkzeug? Präsentationswerkzeug für visuelle Darstellung; Feedback-Werkzeuge für Okay der Gruppe

Wann? Phase 1: Einstieg

Online-Meeting-Guide: ein Beispiel

Sprechen und Verstehen

- Bitte sprechen Sie **deutlich**. Bedenken Sie: Ihre Worte kommen zeitverzögert beim Empfänger an. Das bringt auch mit sich, dass Pausen entstehen.

- Die Kommunikation in einem Online-Raum ist deutlich anstrengender als in einem persönlichen Meeting: Wir bitten Sie daher, **Ihre Worte einfach** und **klar** zu wählen.
- **Jede Wortmeldung** braucht ein **deutliches Ende:** „So viel von mir ..." oder: „Das war's von meiner Seite ..." oder: „Ich gebe weiter an ...."

Fragen
- Sie können jederzeit Fragen stellen, indem Sie ...
- Wenn Sie Ihre Frage nicht an mich als Moderator richten, sagen Sie bitte dazu, **wem Ihre Frage gilt.**
- Haben Sie Verständnis, dass ein Beitrag erst dann erfolgen kann, wenn Ihnen das **Wort erteilt** wurde.

Allgemeines Verhalten
- Dieses Meeting **braucht Ihren Input!** Ich ersuche Sie, nach Möglichkeit dem gesamten Meeting Ihre volle Aufmerksamkeit zu schenken. Wenn Sie trotzdem telefonieren oder den Arbeitsplatz verlassen müssen, melden Sie sich bitte ab (bzw. an, wenn Sie wieder ins Meeting zurückkehren).
- Im Sinne aller Beteiligten achten Sie bitte auf eine **ruhige Umgebung.**
- Achtung: Die **nonverbale Kommunikation fehlt** und damit auch die Mimik und Gestik. Daher: Vorsicht mit Humor und Sarkasmus! Verwenden Sie aber gerne Emoticons :-)).
- Online-Meetings verlangen viel Konzentration – ich bemühe mich daher sehr, dieses Meeting so effizient wie möglich zu gestalten. Bitte helfen Sie mir mit **Pünktlichkeit** und einer **durchgängigen Teilnahme.**

Technische Störungen

- Bitte melden Sie mir **technische Störungen** über ... (zum Beispiel über den Chat).
- Wenn diese Störungen häufiger auftreten, lassen sie sich oft durch die **erneute Aktivierung des Programms** beheben. Beenden Sie dazu das Programm und starten Sie es neu. Schließen Sie auch alle Browserfenster und öffnen Sie den Browser neu.
- Wenn Sie den Meeting-Raum – aus welchen Gründen auch immer – nicht mehr betreten können, informieren Sie mich bitte unter meiner **E-Mail-Adresse: name@firma.com.**

Aktivierende Feedback-Runden

Wozu? Da es zwischen Ihren Teilnehmern nur wenig bis gar keinen visuellen Kontakt gibt und die nonverbale Kommunikation entfällt, muss der Online-Moderator umso mehr Gewicht auf andere Formen des Feedbacks legen. Binden Sie Ihre Gruppe daher so oft wie möglich in das Geschehen ein, indem Sie

- nachfragen, ob die Gruppe bis zum aktuellen Zeitpunkt dem Gesagten zustimmt;
- die Teilnehmer nach deren Erfahrungen fragen;
- zwischendurch immer wieder konkrete Fragen stellen, die sich mit Ja/Nein beantworten lassen;
- Ihre Gruppe einladen, laufend Fragen über den Chat zu stellen.

Wie? Mit Ihrem Frageverhalten bringen Sie Bewegung in das Online-Meeting. Setzen Sie die Fragetechniken daher ein, so oft es Sinn macht, und wechseln Sie auch öfters zwischen den einzelnen Techniken.

Welches Werkzeug? Alle Feedbackwerkzeuge (Hand heben, Emoticons etc.), Chat und verbaler Austausch.

Wann? Laufend – aber mindestens alle fünf bis sieben Minuten

Online-Votings

Wozu? Eine weitere Methode, um das Publikum zu aktivieren, sind Umfragen oder Abstimmungen. Kleine Votings zwischendurch lockern das Online-Geschehen auf und geben der Gruppe das Gefühl, aktiv am Meeting teilzunehmen. Da diese Methode vielseitig ist, können Sie sie in jeder Phase des Meetings einsetzen, zum Beispiel um

- Erwartungshaltungen abzufragen,
- die Reihenfolge der Tagesordnung festzulegen,
- den Wissensstand über ein Thema abzufragen,
- eine Diskussion mit einer Abstimmung zu beenden,
- eine Entscheidung herbeizuführen,
- ein abschließendes Blitzlicht einzuleiten.

Wie? Bereiten Sie für jedes Meeting ein paar Umfragen vor, die Sie direkt mit den Inhalten verknüpfen. Je nach Plattform haben Sie dafür unterschiedliche Möglichkeiten (offene/geschlossene Fragen; Multiple/Single Choice; anonyme/offene Abstimmung).

Welches Werkzeug? Abstimmungs- bzw. Umfragetools

Wann? Situativ – in jedem Moderationsschritt einsetzbar

Online-Diskussion/Online-Brainstorming

Wozu? Verbale Diskussionen sind in Meetings oft notwendig, erweisen sich in Online-Umgebungen allerdings schnell als anstrengend. Der Moderator kann diesen Vorgang durch den Chat unterstützen. Dazu lädt er die Gruppe ein, ihre Meinungen/Gedanken vor der verbalen Diskussion zunächst einmal über den Chat zu äußern. Durch diesen (sehr zeitsparenden!) Vorgang wird schnell klar, in welche Richtung sich die Diskussion entwickeln könnte und wo die Schwerpunkte der einzelnen Meinungen liegen. Mit diesem Wissen kann der Moderator die Diskussion leichter bündeln und auf die wesentlichen Punkte fokussieren. Wie? Leiten Sie die Diskussion durch eine klare Impulsfrage an – visualisieren Sie diese Frage auch über eine Anleitungsfolie oder direkt über den Chat.

Beispiel
Wie sollten wir Ihrer Meinung nach zu einer neuen Werbeagentur kommen?

Danach bitten Sie Ihre Gruppe um eine Pause, sammeln und clustern die Vorschläge und bringen diese dann gezielt zur Diskussion.
Übrigens: Dieses Vorgehen ist auch hervorragend für ein Brainstorming geeignet.
Welches Werkzeug? Chat und verbale Diskussion
Wann? Vorrangig in der Phase 4, dem Bearbeiten der TOPs

Online-Abfrage

Wozu? Die Online-Abfrage ersetzt die Abfrage auf Zuruf (bzw. Kartenabfrage) aus der klassischen Moderation. Sie dient dem Sammeln und gleichzeitigen Visualisieren von Ideen aus der Gruppe. Ein Programm zur Textverarbeitung oder zur Präsentation ersetzt hier Flipchart und Pinnwand. Application bzw. Desktop Sharing macht diese gemeinsame Arbeitsfläche für alle sichtbar.

Wie? Öffnen Sie auf Ihrem PC ein Dokument, das es erlaubt, Ideen aus der Gruppe zu sammeln. Wir verwenden gerne ein PowerPoint-Dokument, auf dem wir vorher verschiedenfarbige Textkästchen wie Moderationskarten vorbereitet haben. Machen Sie dieses Dokument via Document Sharing für alle Teilnehmer sichtbar. Die Methode wird durch eine klare Impulsfrage eingeleitet.

Beispiel
Was müssen wir für eine erfolgreiche Übersiedlung in das neue Bürogebäude alles bedenken?

Dann sammeln Sie die Ideen aus der Gruppe (verbal oder über den Chat). Durch die verschiedenen Textkästchen lassen sich die Ideen auf dem Dokument verschieben, farblich sortieren, gegebenenfalls auch umfärben und später clustern.

Welches Werkzeug? Document/Desktop Sharing und ggf. Chat

Wann? Vorrangig in der Phase 4

Netzbild im Netz

Wozu? Die Methode des Mind Mapping hat sich bewährt, wenn es darum geht, einen Überblick über eine komplexe Aufgabenstellung zu bekommen. Programme wie MindManager oder FreeMind eignen sich gut für die gemeinsame Bearbeitung eines Dokuments über Document oder Desktop Sharing.

Wie? Bereiten Sie ein Mindmap-Dokument mit Ihrem bevorzugten Programm vor und öffnen Sie dieses Programm für alle via Document/Desktop Sharing. Die Impulsfrage steht in der Mitte des Dokuments.

Arbeiten Sie sich jetzt von innen nach außen vor, indem Sie mit der Gruppe zunächst die Hauptüberschriften suchen (auf Zuruf). Dann werden den gefundenen Überpunkten die Unterpunkte zugeordnet, sodass eine Baumstruktur entsteht, die nach außen hin immer feiner wird. Überlassen Sie Ihren Teilnehmern ab und zu auch die Steuerung des Dokuments, damit zusätzliche Interaktion entsteht.

Welches Werkzeug? Document/Desktop Sharing und ggf. Chat

Wann? Vorrangig in der Phase 4

Maßnahmenplan

Wozu? Die Phase 5 des Online-Meeting-Guide dient der gemeinsamen Planung: In welchen konkreten Schritten sind die (in der Phase 4 bearbeiteten) Themen umzusetzen?

Wie? Achten Sie darauf, dass Sie jeweils nach der Bearbeitung eines Themas sofort in die Planung der Maß-

nahmen übergehen. Erst dann bearbeiten Sie das nächste Thema. Die Phasen 4 (Bearbeiten) und 5 (Planen) wechseln sich also ab.
Bereiten Sie ein Dokument vor (zum Beispiel in „Word"), das Sie gemeinsam mit der Gruppe (auf Zuruf) ausfüllen. Auf dem Dokument ist eine Matrix mit den folgenden Spaltenüberschriften:

- Laufende Nummer der Maßnahme
- Was/Wozu? Definition und Zielsetzung der Maßnahmen
- Wer? Verantwortliche Person
- Wann? Zieltermin oder Zeitrahmen
- Check? Art und Zeitpunkt der Rückmeldung des Verantwortlichen, der die anderen über die Erledigung/den Status der Maßnahme informiert

Welches Werkzeug? Document/Desktop Sharing
Wann? Phase 5 – Planen

Online-Blitzlicht

Wozu? Im Online-Meeting erkennt der Moderator oft nur schwer die aktuelle Stimmung in der Gruppe. Mit der Blitzlichttechnik kann der Moderator herausfinden, wie aktiv die Gruppe ist oder ob es Störungen wie Ärger oder Müdigkeit gibt. In der Abschlussphase ist diese Technik sehr gut geeignet, um das Meeting zu reflektieren.
Wie? Ein Blitzlicht kann mit oder ohne visuelle Unterstützung durchgeführt werden. Wichtig ist, dass alle sich daran beteiligen und alles sagen dürfen, was ihnen

am Herzen liegt. Die Beiträge werden nicht kommentiert. Für ein abschließendes verbales Blitzlicht bitten Sie die Runde zum Beispiel, folgenden Satz zu ergänzen: „Unser heutiges Meeting fand ich ..."
Für ein visuelles Blitzlicht erstellen Sie ein Whiteboard, zeichnen eine Skala und lassen Ihre Gruppe entlang der Skala eine Markierung setzen.

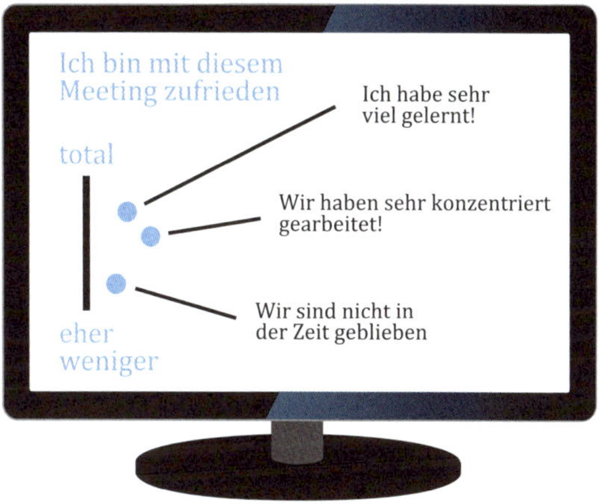

Welches Werkzeug? Whiteboard und verbaler Austausch
Wann? Situativ einsetzbar – auf jeden Fall aber in der Phase 6, dem Abschluss

In jeder Phase des Online-Moderationszyklus können Sie unterschiedliche Methoden einsetzen, um die Gruppe sicher zu leiten und zu gemeinsamen Ergebnissen zu führen. 30

4.2 Eine positive Arbeitsatmosphäre schaffen

Menschen, die schon an Online-Meetings teilgenommen haben, erleben diese oft als sozial kalt. Dieses Gefühl trügt nicht, denn im Gegensatz zu persönlichen Meetings gibt es ja keine echte Begegnung der Teilnehmer. Der Small Talk zu Beginn des Meetings entfällt – ein gemeinsames Mittagessen ist sowieso nicht möglich und auch die Pausen verbringt jeder für sich.
Gleichzeitig wissen wir Moderatoren, dass eine Gruppe viel besser arbeitet, wenn die Teilnehmer sozialen Kontakt zueinander haben, wenn sie wissen, welcher Mensch sich hinter dem Namen, hinter der Position verbirgt. Auch wenn der direkte, persönliche Austausch nicht vollständig ersetzbar ist, gibt es doch einige Methoden, die helfen, ein wenig soziale Wärme in den Online-Meeting-Raum zu bringen. Im Folgenden haben wir ein paar Tipps für Sie zusammengefasst.

Vorstellungsrunden

Teilnehmer, die sich untereinander noch nicht kennen, sollten in der Vorstellungsrunde unbedingt auch ein paar persönliche Worte über sich sagen. Leiten Sie solche Vorstellungsrunden unbedingt an – zum Beispiel indem Sie Ihre Gruppe bitten, die folgenden Sätze zu ergänzen:

- Mein Name ist ...
- Von Beruf bin ich ...

- An meinem Job mag ich besonders ...
- Heute bin ich hier, weil ...

Orientierung, Aufmerksamkeit und Gruppenbewusstsein

Es liegt in der Natur eines Online-Meetings, dass die Versuchung, sich nebenbei (auch) mit etwas anderem zu beschäftigen, sehr groß ist. Hand aufs Herz: Für viele von uns ist dieses Multitasking gelebter Alltag.

Beim Online-Meeting kann es aber schnell dazu führen, dass Ihre Teilnehmer den Faden verlieren und die Qualität des Meetings abstürzt. Das hat schnell auch eine negative Auswirkung auf das Gruppengefühl und den „Wert" der gemeinsamen Arbeit. Achten Sie daher während des gesamten Prozesses auf Orientierung und Gruppenbewusstsein, indem Sie

- die Teilnehmer schon am Anfang fragen, was sie brauchen, damit sie dem Meeting mit voller Aufmerksamkeit folgen können;
- klare Informationen zur Dauer des Meetings geben und die Teilnehmer fragen, ob und wann sie Pausen für die Erledigung anderer Dinge brauchen;
- im Sinne der gegenseitigen Fairness um Pünktlichkeit bitten;
- im Verlauf des Meetings immer wieder fragen, wie gut die Teilnehmer dem Meeting folgen können.

Dieses Vorgehen schafft nicht nur ein gemeinsames Problembewusstsein für die besondere Situation im

Online-Meeting, sondern hilft auch, die Teilnehmer während des Meetings bei der Stange zu halten.

Sozialer Einstieg

Bei Teilnehmern, die sich untereinander schon kennen, entfällt so eine Vorstellungsrunde natürlich, dennoch sollte zu Beginn auch hier Zeit für ein paar persönliche Worte sein. Um gleichzeitig aber zeiteffizient zu arbeiten, können Sie den Soundcheck (siehe Kapitel 4.1) mit einer persönlichen Frage verbinden:

- Wie war Ihr Wochenende?
- Was haben Sie im Sommer vor?
- Wie waren die Weihnachtsferien?
- Wie ist Ihr Tag bisher gelaufen?
- etc.

Emotionale Blitzlichter

Wenn Sie Blitzlichter (siehe Kapitel 2.2) durchführen, die Ihnen ein Stimmungsbild zu einer inhaltlichen Frage liefern sollen, überlegen Sie, ob Sie dieses Blitzlicht nicht auch mit einer emotionalen Einschätzung verbinden können:

- Mit dem Fortschritt in unserem Projekt bin ich sehr/wenig zufrieden, weil ...
- Unsere Zusammenarbeit im Team finde ich ...

Virtueller Small Talk

Wie wichtig Pausen sind, zeigt schon die Erfahrung aus den persönlichen Meetings. Bei den Online-Meetings gehören diese Pausen mit zum System. Das Wesen der

Online-Meetings bringt es mit sich, dass wir hier zwei Arten von Pausen unterscheiden müssen:

- Pausen, die eine Unterbrechung des Online-Meetings bedeuten und die Ihrer Gruppe dazu dienen sollen, sich von den Anstrengungen dieser besonderen Kommunikationsform zu erholen.
- Pausen, in denen die Gruppe im Online-Raum bleibt und unter der Anleitung des Moderators die inhaltliche Arbeit unterbricht, um sich dem zwischenmenschlichen Austausch zu widmen. Das ist wichtig sowohl für das soziale Miteinander der Gruppe als auch für das Aufrechterhalten der Konzentration im Meeting.

Hier ein paar Vorschläge, wie Sie den Austausch innerhalb Ihrer Gruppe anregen können:

Web-Safari

Bitten Sie jeden Ihrer Teilnehmer, seine ganz persönliche, private Lieblings-Website zu zeigen. Geben Sie jedem fünf Minuten Zeit, um (über Desktop Sharing) eine kleine „Web-Safari" durchzuführen. Dabei sollten die Vorzüge der Website präsentiert werden. Und es sollte darauf hingewiesen werden, was den Präsentator damit verbindet.

Hobby-Chat

Bitten Sie einen Teilnehmer, über den Chat Hinweise über eines seiner Hobbys zu geben, zum Beispiel: „Das mache ich im Winter ...", „Dafür brauche ich die Berge ..." etc. Die anderen raten, worum es sich handelt. Ist ein Hobby erfolgreich aufgedeckt, kommt der Nächste dran – oder Sie warten mit einem weiteren Hobby-Chat auf die nächste Pause.

Familien-Runde

Bitten Sie Ihre Teilnehmer, ein Foto mitzubringen, das sie zusammen mit Familie/Freunden/Kindern/Partnern bei einer gemeinsamen Freizeitaktivität zeigt. Lassen Sie sie diese Fotos (via Desktop Sharing oder Whiteboard) zeigen und erzählen, wo und wie das Foto entstanden ist.

Small-Talk-Runden

Initiieren Sie Small-Talk-Runden, indem Sie Ihre Teilnehmer immer wieder mal bitten, einen Satz zu ergänzen:

- Hätte ich mein Hobby zum Beruf gemacht, wäre ich heute ...
- Meinen schönsten Urlaub habe ich verbracht, als ich ...
- Meinen tollsten Erfolg hatte ich, als ich ...

Kamera-Zu-Aufdecken

Bitten Sie Ihre Teilnehmer, Ihre Kamera mit der Hand oder einem Stück Papier zu verdecken. Anschließend bitten Sie die Teilnehmer*innen z.B. anhand einer visualisierten oder rein verbalen Fragestellung, ihre Kamera aufzudecken, beispielsweise alle, die ... „schon früher am Tage an einem anderen Online-Meeting teilgenommen haben ... “ oder alle, die ... „vorhaben, heute Abend auswärts essen zu gehen ... “. Nach jeder Fragestellung wird die Kamera von allen erneut abgedeckt. Die Fragen können gezielt persönlicher Natur sein oder sich auf allgemeine Dinge beziehen. Je nachdem, was passt.

Moderation findet immer auf zwei Ebenen statt: einer inhaltlichen und einer emotionalen. Da dem Online-Meeting viele Möglichkeiten der herkömmlichen zwischenmenschlichen Kommunikation fehlen, muss der Online-Moderator bei der Auswahl seiner Methoden darauf achten, dass er beide Ebenen berücksichtigt. 30

- ***Für die inhaltliche Zusammenarbeit stehen dem Online-Moderator dafür spezielle Methoden für jede Phase des Moderationszyklus zur Verfügung.***
- ***Für die Gestaltung des Gruppenprozesses ist es wichtig, dass der Moderator auch den sozialen Austausch zwischen den Teilnehmern fördert.***
- ***Gelenkte Pausengespräche bieten eine Möglichkeit, den virtuellen Small Talk zu unterstützen; aber auch spezielle Fragen, die im Einstieg und als Blitzlicht gestellt werden, helfen den zwischenmenschlichen Beziehungen der Gruppe auf die Sprünge.***

30 MINUTEN

5. Schwierige Situationen meistern

Die Kapitel 1 bis 4 dieses Buches haben deutlich gemacht, wie viele Besonderheiten das Online-Meeting vom klassischen Face-to-Face-Meeting unterscheiden. Diese Besonderheiten liefern natürlich auch einen Nährboden für schwierige Situationen. In diesem Kapitel wollen wir nun speziell diese Situationen beleuchten.

5.1 Technische Probleme

Technische Probleme sind bei allen Online-Moderatoren gefürchtet, weil sie dazu führen können, dass einzelne Teilnehmer oder gar das ganze Meeting unterbrochen werden. Zugegeben: Nach wie vor hängt die technische Performance eines Online-Meetings an sehr vielen Variablen, die zu beeinflussen einem Online-Moderator nicht immer möglich ist. Allein durch die Vorbereitung kann allerdings schon viel abgefangen werden – zumindest lassen sich die Chancen auf ein erfolgreiches Online-Meeting um ein Vielfaches steigern (siehe auch Kapitel 2).

Anleitung der Teilnehmer

Teilnehmer, die noch nicht viel Erfahrung mit Online-Meetings haben, sollten durch eine entsprechende Anleitung „an die Hand genommen" werden. Wenn Sie öfter Online-Meetings moderieren, legen Sie sich eine ein- bis maximal zweiseitige Anleitung zurecht, die Sie gemeinsam mit Ihren Einladungen verschicken können.

Technik-Check

Sie sollten den Teilnehmern prinzipiell dringend raten, ihre Konfiguration schon im Vorfeld zu testen. Bieten Sie dazu ein paar Tage vor dem Meeting einen Technik-Check an. Dieser Termin ist eine Art technische Generalprobe. Eventuelle technische Probleme können Sie ein paar Tage vor dem Meeting noch lösen (gelegentlich muss ein EDV-Experte vor Ort zugezogen werden) – während des Meetings haben Sie kaum mehr die Gelegenheit dazu!

Fallback beim Fehlstart

Die meisten möglichen Schwierigkeiten können durch eine rechtzeitige Generalprobe aufgedeckt und behoben werden. Selten, aber durchaus geschieht es, dass das Meeting bereits begonnen hat und einer Ihrer Teilnehmer fehlt, weil er wegen eines technischen Problems den Raum nicht betreten kann. Was tun? Sie selbst sind ja mit dem Headset und/oder Telefon bereits mit dem Raum verbunden und können zu diesem Zeitpunkt keinen Telefonsupport mehr leisten. Für derartige Situationen hat es sich bewährt, wenn eine zweite Person zur Verfügung steht, die während der ersten Minuten diesen Support leistet, wenn es denn notwendig werden sollte. Derartige Fallback-Szenarien sind aber erfahrungsgemäß nur bei Gruppen notwendig, die noch wenig Erfahrung mit dem Medium haben.

Wenn es doch passiert – Verhalten während des Meetings

Briefen Sie Ihre Gruppe schon am Anfang des Meetings, was zu tun ist, wenn die Verbindung zum Online-Raum schlechter werden sollte oder gar ausfällt (siehe Beispiel in Kapitel 4.1: per Chat Störung melden, Programm und Browser-Fenster schließen, alles neu starten).

Soundcheck/Bildcheck

Ein Einstiegscheck zu Beginn des Meetings (siehe Kapitel 4.1) gibt Ihnen schon am Anfang ein Gefühl dafür, wie gut die Qualität der akustischen bzw. visuellen Verbindung ist.

30

Eine gute technische Vorbereitung hilft Ihnen, sehr vielen kritischen Situationen im Online-Meeting vorzubeugen. Wichtig ist, dass sich auch die Teilnehmer der Bedeutung dieser Vorbereitungen bewusst sind und sich mithilfe der Anleitung, des Technik- und Soundchecks an den Vorbereitungen beteiligen.

5.2 Störungen im Ablauf eines Online-Meetings

Viele schwierige Situationen im Online-Meeting entstehen durch ein unzureichendes Briefing der Gruppe oder durch ein zu wenig strukturiertes Vorgehen. Vielen dieser Probleme kann man daher mit einer guten Vorbereitung aus dem Weg gehen.

Unpünktlichkeit

Ein Online-Meeting mit unpünktlichen Teilnehmern ist stark gefährdet: Wartezeiten oder Wiederholungen langweilen die übrigen (pünktlichen!) Teilnehmer – sie werden sich einer anderen Beschäftigung zuwenden. Appellieren Sie daher schon in der Einladung an die Pünktlichkeit Ihrer Teilnehmer und erklären Sie auch, warum das so wichtig ist. Ist ein Teilnehmer dennoch unpünktlich und Sie haben keine Information darüber, ob das Problem durch ein kurzes Warten gelöst werden kann, beginnen Sie das Meeting ohne diesen Teilnehmer.

Chaotisches Ankommen im Online-Raum

Stellen Sie sich das vor: Man loggt sich auf der Online-Plattform ein, ist glücklich angekommen und hat ab diesem Zeitpunkt keine Ahnung, wie es jetzt weitergeht. Soll man was sagen? Was tun? Sich irgendwie bemerkbar machen? Wissen die anderen, dass man da ist? Vermeiden Sie, dass dieses Gefühl der Unsicherheit bei Ihren Teilnehmern entsteht, indem Sie eine Startfolie einblenden, auf der neben dem „Herzlich willkommen" noch ein paar Hinweise für die nächsten Schritte zu lesen sind, sodass sich der Ankömmling vom ersten Augenblick an bei Ihnen gut aufgehoben fühlt.

Mangelnde Routine bei der Verwendung der Software

Wenn Sie spüren, dass einzelne Teilnehmer in der Gruppe unsicher sind mit der Verwendung der Technik des Online-Raums und sich daher nicht auf das Meeting konzentrieren können, machen Sie eine Pause! Bieten Sie den weniger versierten Teilnehmern an, in der Pause die wichtigsten Funktionen durchzugehen. Nehmen Sie sich dafür einen exakt definierten Zeitrahmen und sprechen Sie diesen mit allen ab, um Unsicherheiten bezüglich des Starttermins zu vermeiden.

Ungesteuerte Diskussion

Da der Blickkontakt fehlt, kommt es schon mal zu einem verwirrenden Diskussionsverhalten, weil nicht klar ist, wer gerade das Wort hat. Lassen Sie eine derartige Situation gar nicht erst aufkommen. Machen Sie schon am Anfang klar, dass verbale Beiträge nur nach einem vorher vereinbarten Zeichen (zum Beispiel

Handheben) möglich sind und dass der Moderator das Wort erteilen muss. Bitten Sie Ihre Gruppe auch, jeden Beitrag klar zu beenden (zum Beispiel: „... so viel von meiner Seite ...“). Derartige Punkte lassen sich gut zum Start über einen Online-Meeting-Guide ansprechen (siehe Kapitel 4.1). Ist dennoch ein wirres Durcheinander entstanden, machen Sie dies explizit zum Thema und bitten Sie erneut um Rededisziplin.

Ineffizienz

Ein erfolgreiches Online-Meeting lebt vom zügigen Vorankommen. Diese Effizienz steuern Sie, indem Sie schon im Vorfeld die Ziele des Meetings klar kommunizieren und die einzelnen Punkte der Tagesordnung auch zeitlich festmachen. Wenn sich die Gruppe verzettelt, führen Sie sie rasch wieder zum eigentlichen Ziel zurück: „Kurz zur Orientierung – worum geht es uns in diesem Punkt und was muss jetzt geklärt werden?“

Fehlendes Feedback

Das Fehlen des visuellen Kontakts mit der Gruppe schafft subtile Unsicherheit, weil man nicht weiß, wie das, was man sagt, bei den anderen ankommt. Laden Sie Ihre Gruppe daher laufend ein, Feedback zu geben, über den Chat bzw. – sofern vorhanden – über Emoticons oder andere visuelle Signale. Bei verbalen Feedback-Runden fragen Sie nicht nur, ob Ihre Gruppe Fragen hat, sondern fragen Sie ruhig konkreter, zum Beispiel: „Wie sind Ihre Erfahrungen zu diesem Thema?" Sprechen Sie dabei einzelne Teilnehmer auch direkt an.

Mangelnde Meeting-Disziplin

Die Meeting-Disziplin ist für Sie schwer kontrollierbar – Sie sehen ja nicht, was die anderen gerade tun. Machen Sie die Aspekte „Aufmerksamkeit" und „Meeting-Disziplin im Sinne aller Beteiligten" schon vorher zum Thema und appellieren Sie bei den Anwesenden um ein wertschätzendes und aufmerksames Verhalten. Durch das gezielte Einsetzen von Interaktivität halten Sie Ihre Teilnehmer außerdem bei der Stange (siehe Kapitel 2.3). Achten Sie dabei auch auf Abwechslung bei der Wahl Ihrer Methoden. Wenn Sie feststellen, dass sich Teilnehmer ausklinken (Teilnehmer antwortet nicht, wenn er angesprochen wird ...), gehen Sie nicht darüber hinweg – fragen Sie Ihre Gruppe, ob eine Pause notwendig ist.

Müdigkeit und fehlende Aufmerksamkeit

Achten Sie prinzipiell auf Pausen. Bedenken Sie, dass gerade für ungeübte Teilnehmer der Prozess noch anstrengender sein kann als für versierte Teilnehmer. Wenn Sie merken, dass der Aufmerksamkeitspegel sinkt, obwohl noch keine Pause geplant ist, sprechen Sie Ihre Wahrnehmung an, zum Beispiel: „Ich habe den Eindruck, dass die Konzentration jetzt nachlässt. Wollen wir eine Pause machen?" Geben Sie Ihrer Gruppe den Rat, die Pausen auch wirklich als solche zu nutzen.

Aber auch zwischendurch sollten Sie immer wieder für Auflockerung sorgen und die Aufmerksamkeit der Gruppe auf das soziale Miteinander lenken. Eine Alternative oder Ergänzung zur Pause kann eine kurze Auflockerung sein (vgl. „Virtueller Small Talk“, Kapitel 4.2).

30 ***So lassen sich schwierige Situationen meistern:***

- ***Sprechen Sie die potenziellen Probleme schon beim Start des Meetings an und vereinbaren Sie mit Ihrer Gruppe entsprechende Lösungen.***
- ***Viele Punkte lassen sich zu Beginn eines Meetings über einen Online-Meeting-Guide klären. Dieses Vorgehen gibt darüber hinaus den weniger versierten Beteiligten Sicherheit und Anleitung.***
- ***Abwechslungsreichtum beim Einsatz der Methoden macht das Meeting spannend – besonders wenn Moderationsmethoden zum Einsatz kommen, die das Feedback und die Interaktivität mit der Gruppe in den Vordergrund stellen.***
- ***Regelmäßige Pausen helfen der Gruppe, die Konzentration aufrechtzuerhalten und sich auch sozial auszutauschen.***

Fast Reader

1. Online-Moderation: worauf es dabei ankommt

Bei einem Online-Meeting bzw. einer Web-Conference finden Gruppengespräche (Projektmeetings, Workshops, Teamtreffen) im virtuellen Konferenzraum statt. Für die Zusammenarbeit stehen verschiedene Werkzeuge zur Verfügung, die wichtigsten unter ihnen heißen Online-Präsentation, Chat, Whiteboard, Abstimmung und Document bzw. Desktop Sharing. Online-Conferencing-Dienstleistungen können als gehosteter Service oder als Lizenzmodell in Anspruch genommen werden.
Der Online-Moderator hat die Aufgabe, ein virtuelles Treffen mit den Werkzeugen der Online-Conferencing-Plattform möglichst neutral zu leiten und die Gruppe zu gemeinsamen Ergebnissen zu führen. Ist er als Einladender, Projektleiter oder Vorgesetzter auch inhaltlich beteiligt, dann gilt es, in besonderem Maß auf die Neutralität zu achten.

30

Ein Online-Meeting unterscheidet sich von einem persönlichen Meeting in einigen wenigen, aber sehr wesentlichen Punkten, die allesamt in der Durchführung Berücksichtigung finden müssen.

- ***Wesentlich ist die Auseinandersetzung mit den Zielen des Treffens und den technischen Möglichkeiten, um die Teilnehmer einzubinden.***
- ***Je mehr Interaktion und Feedback aus der Gruppe kommt, desto aufmerksamer bleiben die Teilnehmer.***
- ***Die soziale Ebene darf im Online-Meeting nicht zu kurz kommen! Der Online-Moderator hat die Aufgabe, ein gut funktionierendes emotionales Miteinander sicherzustellen.***
- ***Das Fehlen der nonverbalen Kommunikation muss durch andere interaktive Kommunikationselemente ersetzt werden.***
- ***Ein vorher abgestimmtes Regelwerk gibt den Teilnehmern Sicherheit und sorgt für einen ruhigen und effizienten Arbeitsverlauf.***

2. Vorbereitung einer Online-Moderation

Je klarer das Ziel des Meetings, desto leichter fällt die methodische Vorbereitung. Für die strukturierte Vorbereitung eignet sich ein Online-Moderationsplan. Legen Sie für jeden Tagesordnungspunkt

das Ziel, die Methoden, die benötigten Medien/ Werkzeuge und den Zeitrahmen fest.
Der Kommunikation mit den Teilnehmern ist im Vorfeld eines Online-Meetings sehr viel Augenmerk zu widmen. Es geht hier sowohl um die inhaltliche Vorbereitung als auch darum, mögliche (technische und emotionale) Barrieren abzubauen.

Die Vorbereitung einer Online-Moderation entscheidet über Erfolg oder Misserfolg und kann 30
helfen, schwierige Situationen zu vermeiden.

- ***In der inhaltlichen Vorbereitung klären Sie die Zielsetzung jedes einzelnen Tagesordnungspunktes.***
- ***In der methodischen Vorbereitung legen Sie fest, wie Sie diese Ziele erreichen können, und erstellen einen Online-Moderationsplan für das gesamte Online-Meeting.***
- ***In der technischen Vorbereitung richten Sie die Werkzeuge für die jeweiligen Methoden ein.***
- ***Bei allen Vorbereitungen ist die Größe der Gruppe im Auge zu behalten und die Wahl der Methoden und Werkzeuge an die jeweilige Teilnehmerzahl anzupassen.***
- ***Sie schaffen die besten Voraussetzungen für eine positive Arbeitsatmosphäre, indem Sie Ihre Gruppe inhaltlich gut einstimmen und mögliche Barrieren abbauen.***

3. Durchführung einer Online-Moderation

Viele der gängigen Online-Conferencing-Plattformen arbeiten bereits mit etablierten Werkzeugen, wie der Übertragung von Audio- und Videosignalen, Chat, Feedback-Tools, Präsentationen, Abstimmung oder Application Sharing.

30 ***Eine erfolgreiche Online-Moderation basiert auf zwei Säulen:***

- ***Die Technik des Online-Meeting-Raums umfasst die Werkzeuge, die dem Moderator für seine Arbeit zur Verfügung stehen, wie Chat, Präsentation, Whiteboard, Abstimmung und Document Sharing.***
- ***Die Technik des Moderierens basiert auf den sechs Phasen des Moderationszyklus, wobei die Phase null (die Vorbereitung der Gruppe auf das Online-Meeting) im Online-Umfeld ebenfalls eine sehr starke Bedeutung hat.***
- ***Die sechs Phasen des Online-Moderationszyklus umfassen Einstieg, Klären/Ergänzen („Sammeln“) sowie Priorisieren der Themen, Bearbeitung, Maßnahmenplanung, Abschluss.***

4. Techniken und Methoden für eine erfolgreiche Online-Moderation

In jeder Phase des Online-Moderationszyklus können Sie unterschiedliche Methoden einsetzen, um die Gruppe sicher zu leiten und zu gemeinsamen Ergebnissen zu führen.

30

Moderation findet immer auf zwei Ebenen statt: einer inhaltlichen und einer emotionalen. Da dem Online-Meeting viele Möglichkeiten der herkömmlichen zwischenmenschlichen Kommunikation fehlen, muss der Online-Moderator bei der Auswahl seiner Methoden darauf achten, dass er beide Ebenen berücksichtigt.

- ***Für die inhaltliche Zusammenarbeit stehen dem Online-Moderator spezielle Methoden für jede Phase des Moderationszyklus zur Verfügung.***
- ***Für die Gestaltung des Gruppenprozesses ist es wichtig, dass der Moderator auch den sozialen Austausch zwischen den Teilnehmern fördert.***
- ***Gelenkte Pausengespräche bieten eine Möglichkeit, den virtuellen Small Talk zu unterstützen; aber auch spezielle Fragen, die im Einstieg und als Blitzlicht gestellt werden, helfen den zwischenmenschlichen Beziehungen der Gruppe auf die Sprünge.***

5. Schwierige Situationen meistern

Eine gute technische Vorbereitung hilft Ihnen, sehr vielen kritischen Situationen im Online-Meeting vorzubeugen. Wichtig ist, dass sich auch die Teilnehmer der Bedeutung dieser Vorbereitungen bewusst sind und sich mithilfe der Anleitung, des Technik- und Soundchecks an den Vorbereitungen beteiligen.

30 ***So lassen sich schwierige Situationen meistern:***

- ***Sprechen Sie die potenziellen Probleme schon beim Start des Meetings an und vereinbaren Sie mit Ihrer Gruppe entsprechende Lösungen.***
- ***Viele Punkte lassen sich zu Beginn eines Meetings über einen Online-Meeting-Guide klären. Dieses Vorgehen gibt den weniger versierten Beteiligten Sicherheit und Anleitung.***
- ***Abwechslungsreichtum beim Einsatz der Methoden macht das Meeting spannend – besonders wenn Moderationsmethoden zum Einsatz kommen, die das Feedback und die Interaktivität mit der Gruppe in den Vordergrund stellen.***
- ***Regelmäßige Pausen fördern die Konzentration und den sozialen Austausch.***

Die Autoren

David Seifert
ist stellvertretender Geschäftsführer von MODERATIO. Er leitete in der Kreativ- und Software-Branche verschiedene Projekte mit „virtuellen Teams“. Dabei wurde für ihn das Online-Moderationshandwerk zum täglich Brot.

Josef W. Seifert
ist Gründer und Geschäftsführer der renommierten Beratungsgesellschaft MODERATIO. Er berät und moderiert zudem mit dem Arbeitsschwerpunkt KonfliktCoaching, KonfliktModeration.

Bettina Kerschbaumer
vertritt MODERATIO® in Österreich. Sie hat sich im Bereich der Business-Moderation schon vor Jahren auf Online-Meetings und -Konferenzen spezialisiert.

MODERATIO®
Langenbrucker Straße 4, D-85309 Pörnbach
Tel.: +49 (0) 84 46 – 92 03-0
Fax: +49 (0) 84 46 – 92 03-33
E-Mail: mail@moderatio.com
Web: www.moderatio.com

Weiterführende Literatur

- Boos, Margarete/Müller, Andrea/Cornelius, Caroline: *Online-Moderation und Tele-Tutoring. Medienkompetenz für Lehrende*, Kohlhammer 2009
- Häfele, Hartmut/Häfele-Maier, Kornelia: *101 e-Learning Seminarmethoden: Methoden und Strategien für die Online- und Blended-Learning-Seminarpraxis*. ManagerSeminare, 4. Aufl. 2010
- Seifert, Josef W.: *30 Minuten Moderieren*, GABAL, 9. Aufl. 2011, auch als Hörbuch erhältlich
- *Seifert, Josef W.: Visualisieren – Präsentieren – Moderieren*, GABAL, 31. Aufl. 2012
- Seifert, Josef W.: *Moderation & Kommunikation*, GABAL, 8. Aufl. 2011
- Seifert, Josef W.: *Besprechungen erfolgreich moderieren*, GABAL, 13. Aufl. 2011, auch als Hörbuch erhältlich

Register